一眼洞悉女人心

冯国涛 ◎ 编著

中国华侨出版社
·北京·

图书在版编目（CIP）数据

一眼洞悉女人心 / 冯国涛编著 .—北京：中国华侨出版社，2012.6（2025.1 重印）

ISBN 978-7-5113-2525-9

Ⅰ.①一… Ⅱ.①冯… Ⅲ.①女性心理学—通俗读物 Ⅳ.① B844.5-49

中国版本图书馆 CIP 数据核字（2012）第 123441 号

一眼洞悉女人心

编　　著：	冯国涛
责任编辑：	刘晓燕
封面设计：	胡椒书衣
经　　销：	新华书店
开　　本：	710 mm×1000 mm　1/16 开　　印张：12　　字数：136 千字
印　　刷：	三河市富华印刷包装有限公司
版　　次：	2012 年 6 月第 1 版
印　　次：	2025 年 1 月第 2 次印刷
书　　号：	ISBN 978-7-5113-2525-9
定　　价：	49.80 元

中国华侨出版社　北京市朝阳区西坝河东里 77 号楼底商 5 号　邮编：100028
发 行 部：（010）64443051　　　传　　真：（010）64439708

如果发现印装质量问题，影响阅读，请与印刷厂联系调换。

前言 Preface

不要总以为女人只会听甜言蜜语。其实，女人在面对甜言蜜语的时候也有抵抗力，她们对爱情和婚姻也有着自己的理解和想法，有些时候她们的想法比男人还要实际。

也许对你的甜言蜜语，她会表现得很开心，但不要因此而沾沾自喜地觉得你已经把她掌握在手心里了。其实在女人的世界里，早已把男人划为三六九等，哪种男人是"花心大萝卜"，哪种男人是"潜力股"，哪种男人是真正爱自己的，她们的心中的账本是清楚的。

尽管女人会撒娇，会耍赖，会希望有男人做自己的依靠，但这并不代表着她们天生就是世间的弱者。她们有着自己的思想，知道如何打理自己的"小金库"，知道如何开源节流，知道怎样让家庭生活更加协调，当然她们还知道很多，但这些绝对是你所不知道的。

在如今这个充满时尚潮流的世界，那种在家当全职太太的意识已经慢慢落伍，更多的女人勇敢地成为这个时代的主流和先锋。她们昂首阔步地走向职场，追求独立和自身的价值，做出了不逊色于男人的成功业绩。因此作为男人，还是应该客观地看待身边的女人，找到她们的优点，同时也要看自己能否包容她们的缺点，毕竟找到一个适合自己的女人不容易，更何况这个女人很可能要陪你走过一生，倘若没有读懂她、了解她，必将是对之后很长一段时间婚姻道路的自我摧残。与其彼此痛苦、当初为什么不好好斟酌呢？

那么就让我们翻开这本神秘的女人书，看看女人心里到底在想些什么吧。爱她就要读懂她，只有这样才能让她得到最为实际的幸福。

目录 Contents

第一章　别只看到女人的柔弱
——对付男人，她们都有必杀技

想了解她羞涩背后的故事吗 / 002

眼泪，让男人缴枪的必杀器 / 005

发嗲的时候，你要有所牺牲的时候 / 009

释放温柔，直到你妥协为止 / 012

越善解人意，你就越会听她的话 / 016

来点小任性，让你吊起来并快乐着 / 020

神神秘秘，你才会步步紧跟 / 024

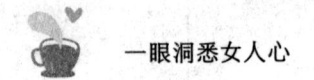

第二章　别总忽视女人的本性

——知道其所需，才能赢她一见倾心

你不让她好美色，她就没有好脸色 / 030

小惊喜的浪漫，胜过大礼物的现实 / 033

她需要赞美，但别夸得不合实际 / 037

陪她逛街，别只去那个拎包的 / 041

耐心地听她把话说完，就算你很不耐烦 / 044

第三章　别以为女人不精明

——女人常常装傻，但绝对不是真傻

随意几句话，就把你的底细套出来了 / 050

知道你说谎，她也能听得津津有味 / 053

她们会用心挑选手中的每一只"股票" / 057

观细节的她,早就摸清你的脉了 / 061

不问,未必不知道你在想什么 / 064

第四章 别总觉女人很诚实
——她们的谎言,往往演绎得很真实

给你考虑时间,也给自己找后路的时间 / 070

说囊中羞涩的女人,未必就是穷人 / 073

别相信她那句"尊重你的选择" / 077

她安排了"真不知道会是这样子" / 081

"糟糕,我不会怎么办?"她真的不会吗? / 085

"我真的好痛苦!"引着你去怜香惜玉 / 089

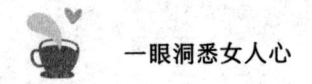

第五章　别说你懂女人爱情观
——女人与男人，面对感情完全是两种逻辑

她们再爱你也不会多过八分 / 096

恋爱打扮是为你，婚后打扮也是为你 / 100

最好不要给她铭心刻骨的伤害 / 104

你可以让她独处，但别让她孤独 / 107

没错！折腾你才是在乎你 / 111

第六章　别去试探女人的底线
——出了她的界限，你就会在下一秒彻底下台

你不给她面子，她早晚让你很没面子 / 116

你吃碗里看锅里，她不给你剩一粒米 / 120

别翻后账，否则她比你还能翻 / 123

你骗她一次，她会还你十次 / 127

她最需要你时不在，那以后也不必在了 / 131

你不让她开心，她早晚会让你哭 / 135

千万不要无视她的存在 / 139

第七章　别低估了女人的审美

——她们从一开始就知道，自己想要什么样的男人

她向往冷峻的外表温暖的内心 / 144

她青睐与自己品味志同道合的人 / 147

她向往自由，也享受有人领导的感觉 / 150

你家多有钱不重要，重要的是你会不会赚钱 / 154

她会青睐不惹事儿，也不怕事儿的男人 / 157

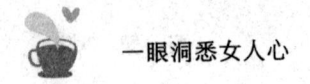

第八章　别说女人全指望你
——她们是在依恋，而并非一味地依赖

她们会手心向上，但也会手心朝下 / 162

说"我都听你的"，是为了你的尊严 / 165

她们会大智若愚，但并非什么都不懂 / 168

管住你的钱，是为了留住你的心 / 172

别急！她知道自己不是雇来的保姆 / 175

她靠着你的时候，你也在靠着她 / 178

第一章
别只看到女人的柔弱
——对付男人,她们都有必杀技

想了解她羞涩背后的故事么

在男人眼里，女人如羞答答的玫瑰，是最美的。也许不用多说什么话，那羞涩的眸子向上一抬，变足够赢得他们的一见倾心。也许不能说是永远，至少是在那一刻，他们真的可以说甘心情愿为这个女人做任何事情。

的确，女人的羞涩，给了女人足够的娇贵和魅力，但这种美丽往往也会成为她们对付男人最富有威慑力的武器。从人的本性来说，男人天生就有保护女人的欲望，而这种欲望在聪明的女人眼中绝对是有利可图的。越是羞涩，就越可以显示出自己的单纯，越是羞涩就越会让自己表现出弱不禁风的假象，越是羞涩就越会让男人觉得自己是一个可爱的女人。的确，在大部分男人眼中羞涩的女人都是极富有女人魅力的，这似乎正是他们心中对于"女人味"三个字的正确诠释。

的确，在世上所有的色彩中，女性的羞涩绝对是一种美的展现。那动人的表情，迷人的色彩，儒雅的举止，朦胧的神韵，温柔笑容，无一不像一块强有力的磁石深深地吸引着男人的视觉和心魄。在他们眼中倘若一个女人眉目口齿、般般入画，倘若做什么事情都大大咧咧，没有一

第一章 别只看到女人的柔弱——对付男人，她们都有必杀技

点羞涩的内涵，就好比是一朵娇艳的花多缺少迷离的香味，总让人觉得缺了点什么。"犹抱琵琶半遮面"、"欲走还休，却把青梅嗅"，从这些诗词中不难看出，从古到今对于女人的审美都多少要带上一点羞涩的味道，人美而含羞，两相映照，互发光辉，更增加了女性的迷离朦胧。在男人眼中这绝对是一种含蓄的美，是一种使女人充满无限韵味的美，更是一种不可缺失的美。但又有多少人知道，藏在她们羞涩背后暗含着多少故事和心思呢？

女人并不傻，她们对于自己的羞涩，往往跟男人的理解是有差别的。尽管很多人都不是有意识地去装模作样，搬出一些做作的姿态，但总归还是从心理上大有迎合社会主流思想需要的观念意识。尽管如今的女人已经走进的新时代，每天都要面对方方面面的冲击和压力，时不时地想让自己暴虐一把也是人之常情，但出于多种顾虑，大多数女人还是会压抑住心中的各种烦躁，收敛自己的情绪，尽量摆出一些羞涩状的POS，可供别人参观审阅，为什么是这样子呢？究其原因，大致要分为这么极大块儿内容：

1. 社会越来越现实，竞争越来越惨烈。

在这个现实的社会，女人比起古代要承担更多的重负，因此心中多少会有很多难言的紧迫感。其实这种紧迫感早在她们很小的时候就已经存在了。经过从小到大不同群体的引导教育，她们开始深深意识到，羞涩的女人是受大家欢迎的，内敛一点会赢得更多的赞美，当然也就更加适应社会竞争的大环境，因此，慢慢地这种羞涩意识，就在他们的思维中扎下了根基。从为了他们反复演练，不得不会的必修项目，从某种角度来说，一个女人会不会羞涩，与一个女人能不能在这个社会中很好的

生存下去还是有很多必然联系的。

  2. 羞射表现示弱，容易赢得更多帮助。

  不管是男人还是女人，平生都是会在激烈的竞争中度过的。面对残酷的竞争很多女人每走一步都会觉得无比艰辛。的确，相比男人而言，不管从体力上还是脑力上，大多数女人都是不占优势的。但对于事业生活的诸如一系列的困惑，又是女人不得不去面对的事情。既然在脑力和体力并不占便宜，面对社会多元化的竞争劣势和生存危机，女人又该怎样去应对呢？这绝对是个很现实的问题，于是她们将目光关注在了提升女人示弱求助的本能上。的确，一个柔弱的女人是很容易赢得男人的疼惜的，不管对这个女人是不是产生爱慕，面对一个羞涩而温柔的女人，男人一般不会对她的求助袖手旁观，即便是帮不上什么忙，最起码再她有一些过犯的时候也不会过于与其发生争执和计较，从这一点上来说，女人羞涩一下的确占了一个赢得广大人民群众帮助的大便宜。

  3. 捷足先登，有效绕开不必要的麻烦。

  这个世界不仅仅只有男人和男人的斗争，女人与女人的斗争也是相当惨烈的。从某种角度来说，男人的斗争往往是武力多于脑力，而女人与女人的斗争一般靠的就是自己脑袋里长了多少个心眼儿。不管是升职还是赢得爱情，从某种角度来说，善于羞涩的女人会比直来直去的女人更容易赢得大家的好感，这种羞涩里暗含的内敛和温柔绝对可以帮助他们挣足了面子赢得良好的口碑和人缘。尽管看似柔弱，却足足可以给对方一个太极一般的软钉子，面对锁定的目标，即便是自己不去争取，也自然会有别人鼎力相助地帮你完成心愿。而这种鼎立支援很往往都是无条件的，如果真的要掰扯出什么缘由，或许主要原因就在于她们表现羞

第一章　别只看到女人的柔弱——对付男人，她们都有必杀技

涩之下蕴含的温柔与谦和吧。

在这个世界上想得到任何东西都是要付出代价的。男人要得到女人，必然要经历不断付出，暂不索取过程。而女人要想在这个世界生存下来也并不是那么容易，不管在什么时候，什么地点，耽误之际就是先能找到可以帮助自己的人，之后才会考虑要不要用羞涩的温柔赢得哪位男子的爱慕，纵容他在自己的心理生根开花。世界看似简单，其实也并不简单，女人的羞涩中蕴含的是苦涩、无奈、还是阴险、得意或者那真的就是一种来自自身的纯净、唯美，其间的故事恐怕只有她们自己才能扯的清，说的明了。

眼泪，让男人缴枪的必杀器

很多男人表示，这个世界自己真的可以天不怕，地不怕，但只要一面对女人的眼泪，就会心里发慌不知所措。有些时候，不管女人在这件事情上占理还是不占理，只要一哭，似乎男人就会觉得自己没有任何道理。尽管有些人外表仍然很强势，但从心理上却早已经对这个女人缴械投降了。

曾经听说过这样一个故事：

小男孩问妈妈："你为什么哭呢？"妈妈回答说："我是女人。"小男

孩不明白就问爸爸："为什么妈妈看起来没有理由就哭呢？"爸爸说："女人哭是没有理由的。"当小男孩长大以后他 still 想知道为什么女人会哭 without reason。有一天他给上帝打电话问他为什么女人很容易哭？上帝说："我创造女人的时候就让她们有特别之处。女人的手臂足够有力能托起整个地球，但是又很舒服；女人有足够的忍受力忍受生孩子的痛苦；女人为了让家庭幸福能任劳任怨；女人在任何时间和地方都爱她们的孩子，即使孩子让她们有多伤心；女人能忍受她们心爱的人所犯的错；我给她们唯一属于她们自己的东西——在她们需要眼泪的时候就有。"

女人爱哭是不争的事实。她们外表柔弱的性格，注定她是如水的。红楼梦中说，女人是水做成的，爱流泪的女人总是让人心生怜爱，而如水的女人总是会在心中涌现出一股股缠绵的柔情。男人喜欢如水的女人，是因为喜欢女人的透明，喜欢女人的纯洁，喜欢女人的柔情。而对于女人来说，流泪除了能够发泄一下心中的不快，还可以有效的抑制男人对自己的狂躁情绪，最终用自己的眼泪促使对方与自己的意见靠拢，产生某种妥协和忍让。

女人天生爱哭，眼泪是上帝所恩赐给她们的独家武器。这种从她们身上分泌出来的物质，对男人是富有及其强大的感召作用的。她们的泪水可以让懦弱的男人变得坚韧刚强，可以让狂躁的男人变的温存谦和，可以唤醒冷酷的男人心底那爱的涟漪……倘若一个男人读不懂女人的眼泪，那只能说明他尚未走向成熟，仍然还是一个不懂生活，也不了解女人心思的粗心男人。其实，女人的眼泪代表着她们的一种特殊的语言，诉说着她们心中的不快、委屈和哀愁，这里面多多少少是有她们自己的

第一章　别只看到女人的柔弱——对付男人，她们都有必杀技

故事和心思的。聪明的男人会通过女人的眼泪去了解她，明白她。他们审视着女人的眼泪，在她的喜怒哀乐中，逐渐地去了解她，知道她的心思，明细她的性格，甚至能够猜想的出下一步她究竟想要干什么。

　　从某种角度来说，女人了解男人，要比男人了解女人多得多。尽管这个社会早已进不到男女平等，但备不住在大众的观念里还是多少偏向于女人顺从男人的主流观念。在如今的很多地方，仍然有不在少数的人认为，女人听从男人，男人领导女人是天经地义的道理。倘若男人这样想，女人也这样想，大家都照旧社会主流规律也没有什么不好和不对。然而又有什么能组织一个女人对一个男人的控制欲望，以及对于整个世界的野心呢？其实女人是有自知之明的，论体力自己绝对拼不过男人，论能力要想真的在男人之上也并不是一件容易的事情。的确，作为男人，上帝的确恩赐了他们很多的优秀特质，他们的确足够强大的，以至于强大的难以估量疆界和范围。为了让他们的强大有所抑制，上帝才指派女人来到这个世界上。人们常说英雄难过美人关，女人的眼泪总是会在关键时候制约或牵制着男人的决断和选择。不管是历史还是今天只要女人一流泪，往往很多男人都会方寸大乱，立刻无计可施。在现实生活中，女人常常会流下两种不同性质的眼泪，牢牢的牵动着男人们的心。

　　其实，女人常常会要求男人讲道理，但自己却未必会在男人面前事事讲道理。道理讲得通的时候会让对方道歉，讲不通的时候必然会用眼泪换取对方的妥协。这一招数，对于大多数男人来说可谓是百发百中，必定男人必定是男人，大多数男人并不具有多么高超的情商，也不是所有男人处理自己与女人交往的问题都那么理智，即便不存在客观的感情纠结，当他面对一个泪眼蒙眬的女人时，还是回不知道从哪里入手阐明

观点，说的重了，那是缺乏绅士风度，说的不重那就意味着自己要做出让步，或者说委屈了自己最初的立场。那该怎么办呢？当他们对此愁眉不展的时候，女人眼睛在哭，心里已经在笑了。

或许在男人心里，自己生来是要保护女人的，假如一味地招惹女人流泪，多少心里会觉得自己很罪孽，这种罪孽感就会转化成愧疚，而这种愧疚将直接导致妥协的开始。尽管对于缴枪投降这件事情，男人绝对是心有不甘，但大多数男人还是会沿着女人的预定轨道稳步前进。在一个男人看来：一个男人，不管你生活有多么艰难，假如自己的女人总能依在自己宽广的肩膀上流泪，就不失为一个好男人；一个男人，不管你事业成功与否，生活中、网络上自己的女人都愿意在他们的眼前流泪，而自己还能够轻轻地拍打她的背以表慰藉，就不失为一个好男人；一个男人，不管你有多高的地位、你是多大的富翁，都不伤害了女人的心，尽可能地包容她，关心她，就不失为一个好男人。的确，对于女人来说有一个这样的男人就是幸福的，然而赢得这样一个男人，也必然用自己泪水不断试探和打磨换来的。在她们看来，眼泪也是一根能够牵动男人神经的风筝线，只要这根线一动，一般男人都不会没有一点反应。

人们常说，一个男人靠征服世界来征服一个女人，而一个女人却靠着一个男人征服了整个世界。其间的"征服"二字说的谈何容易，如果说男人征服世界的时候靠的是自己辛勤的汗水，那么对于女人来说，征服男人多少也是要挥洒一些让其无法抗拒，只得乖乖听话的泪水吧。

第一章 别只看到女人的柔弱——对付男人，她们都有必杀技

发嗲的时候，你要有所牺牲的时候

这个世界上，是女人就有着自己发嗲的武功秘诀，即便有会后男人会抱怨女人发嗲时会让自己惊起一身鸡皮疙瘩，但在心里不得不承认自己还是很吃这一套的。正因为男人对女人那娇滴滴的生意无从抗拒，不知何时起发嗲就成了女人摆平男人的一道有力工具，只要一听见她奶糖般嗲嗲的声音，平日在蛮横的男人也会瞬间变得温柔起来，那宛如一个带有糖衣炮弹色彩的预警信号，只要信号灯一想起，男人就知道自己肯定又要有所牺牲了。

"发嗲"这个词源于上海洋泾浜的方言，愿意为英文里说的"亲爱的"。说的是女孩子在撒娇时，说话总是拖长语调，时不时冒出哼哼唧唧、咿咿呀呀的语调。最终发嗲一词不禁而走逐渐广为流传，且还衍生出了各种各样的含义。在男人看来，发嗲是女人对自己的有一种亲密行为。有位名人曾经说过这样一句话："男人靠征服世界来征服一个女人，而女人却能依靠征服一个女人征服整个世界。"从古至今，男人想征服一个女人必将倾覆很大记得经历，甚至赔上自己的全部家当，而女人似乎只需嗲他一嗲，便可以在瞬间将其整个心灵融化。自古英雄难过美人关，而嗲声嗲气的这一关可以说是最难过的。同样是女人，一个为人干练废话很少，而另一个相貌平平却很会打扮装嗲，按理说必然是前者办事效率要比后者强，而事实恰恰相反，主要原因就在于办事的对方是一个很吃这一套的男人。

不管你承不承认，世上几乎没有一个男人不喜欢发嗲的女人，只要

女人发嗲发的够聪明，够到位，就必然在男人面前受宠。一般而言，会发嗲的女人都很聪明，是因为她们知道利用自己的性别优势，也明白要想让男人对自己妥协，就要让对方知道自己的风情万种。嗲从某种角度来说是对女性的一种赞美。发嗲，包括了一个女人的娇媚、温柔、情趣、谈吐、姿态、出身、学历、技巧等等，其中既有姑娘的撒娇弄俏，也有少妇的忸怩作态等一系列显示女性柔弱娇媚的魅力的举止。

不管是古代还会当下，只要女人嗲一声，多半的男人多会禁受不起的骨头发软。当她们用确定你中了自己的迷魂招数，就会借机对男人提出自己的要求，要他干什么活，买什么东西，既不吵也不闹，既不凶巴巴也不神叨叨，更不会用发号施令的口吻给男人带来任何的不舒服，而是在嗲嗲的撒娇中让对方心悦诚服的将自己的心愿水到渠成。嗲的女人很少生气，也很少发愁，相反她们整天活得开开心心，融融乐乐，眼角的皱纹自然不会生出来。其重要原因就在于她们女人特有的天性使自己在关键的时候总有男人会对自己伸出援手，倘若自己没反应过来，自己一句柔柔的："讨厌""哼，你欺负我""不依我算了，我理你了。"就让对方内心纠结，仿佛不帮忙就欠了对方一个大情债一样。

由此看来，发嗲应该是女人占大便宜的手段，不费吹灰之力就可以水到渠成的事，恐怕只有她们才能这么轻而易举地搞定了。可对于男人而言，对于女人发嗲的程度也是有一定标准的，一旦女人发嗲的技术不到位，一般也只会落得一个酸倒牙的下场。有的女人想发嗲也总是功夫不到家，只要以行动就会让人浑身起鸡皮疙瘩，而有的女人那故意做作的样子，总是让人觉得不自然，目的无非就是有意卖弄只为引起别人的注意。有些时候男人会因为女人的发嗲而不知所措，丈二和尚摸不着头

第一章 别只看到女人的柔弱——对付男人，她们都有必杀技

脑，不知道对方到底要干吗。因此，耳边一响起这种嗲嗲的奶油声就开始肝儿颤，不知道自己又要做出什么样的牺牲对方才会满意。这不仅让他们心声一种疑惑，女人为什么那么爱发嗲呢？其实在爱发嗲的女人心理，多半都有那么一块"病灶"，下面就让我们说说这些女人究竟有哪几"病"在哪里。

1. 小九九太多。发嗲其实是女人最为虚伪的表现，其实在她们奶油声的背后早都有了自己的小九九，为了自己可以在别人面前楚楚动人，总会极力掩盖自身的缺点，将自己的优点不断放大。她们很善于阿谀奉承那些有势力的权威人士，而对那些比自己弱的人却相当势力，这种女人不仅会遭人反感，时不时地还会让人觉得很轻浮。

2. 耍耍小矫情。有些女人爱发嗲是因为自己想要赖犯矫情，当这种女人在面对困难的时候总是会装出一副很委屈的样子，她们一般不会选择自己想办法解决问题，而是对别人的帮助和怜悯有着一种强烈的依赖感。她们觉得发嗲的行为可以顺利地将自己依附在男人身上，自己越是小鸟依人就越是赢得男人的怜香惜玉，这种女人多半自怨自艾没有过多的主见。

3. 装给别人看。发嗲往往是女人故意为之的，这样做的用意无非是想将自己最女人的一面装给别人看，技艺高超的话可能会很打动人，但如果表演不到位必然会招致反面效果。其实，故意发嗲的女人往往内心存在着自卑和盲目心理。她们只知道一味模仿，却不一定懂得了解男人的女人之间的逻辑，当一个不了解男人的女人在对方的面前，故作伪装企图走进他的情感世界，结果必然是处处碰壁，遍体鳞伤。也许她们至今不解，为什么自己那么努力，男人对自己似乎仍是百毒不侵的做派。

4. 隐藏真实内心。有些女人爱发嗲的原因是为了将自己的感情隐藏起来，她们有意为之只是用表面行为隐藏内心的心灵变化，当一份感情摆在自己面前她们并不会轻表达自己的情感，只要自己没有打心眼儿里真正接受这个男人，就必然会先将自己的感情隐藏得很好。尽管表面文章做得很好，微笑中彰显着女人的似水柔情，却始终难以打开心门让对方走进自己的世界。过度的戒备心理害怕受到伤害是她们隐藏自己感情的主要原因。

其实，对于男人来说，不管女人装嗲是出于什么样的心理，他们从一般都会从心理选择欣然接受。或许这就是造物主在造人时有意给男人设置的一个心性系统，女人的柔弱天生是来攻克男人的刚强的，只有这样整个世界才会保持在一个平衡的状态。尽管你很明白对方发嗲的用意，但是在关键时刻还是回用妥协的方式资源深陷她的迷魂阵，不管是出于自愿还是不自愿，只要迈进来就必然要做好有所牺牲的准备了。

释放温柔，直到你妥协为止

一提到温柔，所有人都会将其与女人联系在一起，如果说男人代表着阳刚，那么女人必然是柔美的代言人。上帝真是一个伟大的艺术家，是他巧妙地把人分成了男人和女人，也正是因为这个原因整个世界也就因此有了美好的表达。我们难以想象，如果这个世界只有男人，或仅仅

第一章 别只看到女人的柔弱——对付男人，她们都有必杀技

只存在女人，整个环境下将是多么的了无生趣。

自古以来，女人都是美的化身。而在柔美的背后总是夹杂着不少男人的无奈与妥协。其实从古道今，男人都是很将就女人感受的。只要对方对自己的好一点，用温柔抚慰一下自己的心灵，往往都会做一些妥协让步的善举。不得不承认，男人天生是离不开女人的，而女人似乎也是如此。人们常常把男人比喻成山，把女人比喻成水；说男人是太阳，女人就是月亮；男人是秤杆，女人就是秤砣；假如男人是驾马车，那么女人就是赶车的人。总而言之，男人似乎天生就是为了包容女人而生的。只要一触及温柔的情感，往往都会做出死要面子活受罪的妥协。即便是事后觉得自己很悲催，但也不愿意在女人面前失了尊严。男人常常挂在嘴边的一句话只有几句："哎！谁让自己是男人，让着她吧！""我还没跌份到跟个女人抢食儿吃。""女孩子也不容易，算了吧！懒得跟她较劲。"即便再男人的社会里，他们会因某件事情，争竞的头破血流，甚至大打出手。但假如这时候对方是个表露温柔的女人，他们便开始手足无措，即便是想发脾气只要对方柔柔地说上两句央求的话，自己立马开始百爪挠心，好像自己在仗势欺人估计不到女孩儿的柔弱，结果纠结得恨不得找块板儿砖把自己拍死。经历一番心理斗争以后，还是会选择妥协和让步。

对男人来说女性的美貌往往对其有最直接的吸引力，人们常说男人属于视觉性动物，漂亮的女人往往会让男人眼前一亮，从而引起他对对方的浓厚兴趣。然而，随时着交往的加深，男人对这个女人有了进一步的了解，他的整个观念就会出现改变，因为这时候他们发现最吸引自己的还是这个女人的个性。卡耐基说："为什么有的人在芸芸众生中脱颖

而出，为什么有的人又会默默无闻？区别就在于，他们是否已具备了某种完整或适用的人格。这种人格离我们并不遥远。"女人骨子里如果缺少了温柔的个性成分，即便是再能干也会让男人敬而远之，这一点不用男人说，女人自己也是相当了解的。尽管有些女人总是说自己不懂得温柔，也不想活得那么做作，但在自己青睐的男人面前，多少也会展现出自己柔情的另一面。

常常听男人抱怨如今的女人脾气有多了得，当野蛮女友进化成野蛮师奶，动不动就让自己面对一番河东狮吼的考验，一点温柔含量都没有。但这里我们也时常要想想自己每天都在做什么，为什么明明刚开始看见的这么一个温柔美女到自己手里就变成了一个躁动发狂女了呢？为什么有些男人身边的女人那么温文尔雅，怎么自己身边这位还没见面接以电话就已经让自己毛骨悚然了呢？其实每个女人本身都会温柔，只不过是因为面对你不妥协的管用做法时间一长，没有了温柔起来的心情罢了。在这里，作为男人我们还是不要抱怨女人的势利，假如你是位王子，她一定千依百顺，即使你让她伤了心，发了脾气，但是她还是能原谅你。即便是真的要发怒，在掌握时间和爆发力程度上，还是会有自己的客观分寸的。所以我们一定姑且相信女人心中有温柔的现实，即便是她们表面冰冷，但不意味着她们不明白温柔是什么，也不代表她们对感情没有任何感应能力，关键在于你能为她做什么，而她能否觉得自己表现温柔是多多少少有所收获的。必定这个世界上没有只知付出，不知回报的傻瓜，男人是如此，女人在这一点现实也是可以理解的。

豆豆30出头，是一家广告公司的高层主管。她和老公可以说是恩

第一章 别只看到女人的柔弱——对付男人，她们都有必杀技

恩爱爱，百毒不侵，老公对她也可以说是忠心耿耿，不用管下班也会主动想着回家。同学聚会，大家要豆豆介绍她婚姻保鲜的秘诀，没想到她只是说羞涩地笑笑"其实也没什么，我这个小女子无非就是温柔一点，每当夫妻两个人剑拔弩张的时候，我就噘噘嘴，耍耍赖，老公立刻就会转怒为喜，紧张的氛围立刻就烟消云散了。"末了她还会对老公总结性的加上一句："你再不听话我就温柔死你，温柔到你发毛妥协为止。"

听了豆豆的经验以后，大家全都哄堂大笑，这时候她却不急不慌的引用了一句林青霞若干年前说过的一段话："男人都喜欢爱撒娇的女人。相反，不会撒娇的女人不讨男人喜欢。撒娇既是女人的一种权力，也是一种独特的魅力，更是对付心上人的一项秘密武器。只要是个男人，都有一种怜香惜玉的英雄主义情结，你越弱小，他就越强大，你越楚楚可怜，他就越百般呵护。总之，女人学会小鸟依人，男人才能挺直腰板。否则你总是百尺竿头更进一步，男人只会毫不犹豫地离你而去。"这时候很多在场的女人都若有所悟，宛如找到了生活的真谛一般。

温柔似乎是女人的一种天性，这一点不用谁教，她们就可以自学成才。因为从她们很小的时候就知道，没有任何一个男人会拒绝一个温柔可爱的女人。千万不要对这一点表示不屑，如果不相信，作为男人你可以好好问问自己，如果身边真有一个善于温柔的老婆，你会一点而都不动心吗？你会觉得她真的不值得一看么？对她的软语相求你能禁得住多久呢？尽管女人的撒娇多少要伴着那么一点小矫情的味道，但面对这种小矫情多半男人关键时刻是没辙的。即便一开始是趾高气扬的为自己利益好好争取一下，但只要一听到那娇滴滴的声音就会立马趴架，只能眼

睁一闭听天由命了。

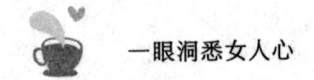

　　由此看来，温柔真的是女人的撒手锏，这杀手锏比金庸笔下的"倚天剑"可锋利多了，不出手则已，出手一招就直奔男人软肋，让你长着翅膀也飞不动。这个世界上，漂亮的女人不一定能制服得了男人，但温柔的女人却必然是男人的克星。这本身也没什么，但这里要说的是，作为男人可以享受温柔，也可以做出一些小妥协彰显一下自己的大度，但是几个大放下脑袋还是要清晰的，倘若真的对女人们的温柔利剑一点抵御能力都没有，必然会招致为情所困，百般纠结无以言表的痛苦。必定妥协别人往往就是在为难你自己，尽管答应别人的事情一定要做到，但是做到以后不要算来算去，怎么算自己都是赔了的。

越善解人意，你就越会听她的话

　　不论是在现实生活中还是在自己虚幻的意识里，每个男人心中都渴望得到一个善解人意的女人。他们渴望这个女人能多花心思了解自己，体恤他的辛苦，不要对自己要求太高，让自己活得太累。假如这个愿望真的能成为现实自己就会知足万分，假如不能成为现实，在自己的潜意识中也会有那么一个自己虚构出来的雏形。然而现如今，很多人都在抱怨善解人意的女人太难找。一个个貌似都是刁蛮的小祖宗，只要一有反面意见，前两句话还是正常逻辑，后面就根本别想找出什么逻辑了。其

第一章　别只看到女人的柔弱——对付男人，她们都有必杀技

实这样的原因也是多样的，如今生活节奏加快，女人自己想活好了本身就不是件容易的事情，能从这种痛苦中挣扎出来，再流出一定的空间用于体恤身边的男人，在很多女人看来无疑是对自己的一种莫大的牺牲。然而善解人意的女人越是稀有，男人心里就越是珍惜，甚至很多人还在心中暗自发誓，只要发现这种女人就绝对不能让她跑了，只要她不跑她让干什么自己就干什么好了。但就是这样，也不是每一个男人都能梦想成真。

不得不承认，善解人意的女人是男人最渴望接近的女人，她们可以在第一时刻唤起男人对爱的激情。无论现实还是虚幻，好男人都不会因为女人识大体的让步而得寸进尺，相反他们经常会觉得自己是对其有所亏欠的，所以几番如此之后自己就会不由自主听得进去她的话，愿意按照她的建议去做。也许在很多男人看来，在当下这个浮躁的社会，唯有善解人意的女人才是一个家的温馨港湾，才是自己心灵真正安息之所。

善解人意的女人经常会对男人有所让步，不管对他还是他的朋友都会表现出谦卑的一面，但千万不要把这种谦卑理解为卑微。因为越是善解人意的女人，脑袋往往越是知道自己想要什么该做什么。她们的思维意识往往比脾气暴躁，大吵大闹的女人更理智更健全。即便是出现一些突发事件自己也可以通过自己淡然的个性，灵活地加以面对，这往往正是她们能够赢得男人一见倾心的地方。她们要想让你接受自己的意见，往往并不会让感觉到她的强势，甚至还会让你接受得很舒服。经过长时间的沟通相处，男人就会在不知不觉中受到对方的感召，开始不由自主地希望跟对方多沟通，有什么事情都希望与其商量探讨。而善解人意的女人几乎每一次都有这个能力引导着对方与自己达成共识，让对方觉得

她的建议是有一定参考价值的，一来二去，男人自然就会越来越爱听她的话了。

王晓和赵炎结婚不到半年，却天天为了周末在哪度过的吵架。"凭什么啊，凭什么又要到你家去吃饭啊，各吃各的有什么不可以的？"王晓一脸委屈地向老公发问道。"就因为咱俩老不回家吃饭，我妈刚才在电话里把我骂了个半死。不过说句实话，我妈也不是傻瓜，咱俩老这么躲着她，他一定会看出来的。"赵炎惨惨地对王晓哀求道。"看出来就看出来呗，有什么大不了的？"王晓开始泛起小嘀咕来。"我们老到你家那边吃饭，我家那边肯定会有意见的，上月不是刚刚去过你家了吗？一个多星期没见，我妈肯定想我了。好老婆，今晚就到我家去吃饭吧，咱们明天再去陪你爸妈行吗？我今天晚上要是不回家吃饭，我就死定了。"赵炎苦苦地哀求着。"不行！要回你自己回吧！我得回去陪我妈！说真的，我一见你妈就犯憷，那么多要求我可受不了，真让人害怕。""怕什么啊，有我呢，她又不会吃了你，最多训你几句而已。你就应该多向我学习学习，脸皮厚一些就没事了，我妈怎么骂，我一耳朵听一耳朵冒，要不然早被气死了。"赵炎用恳切的目光央求着王晓。

"哎呀，算了，听你的，回家吧，臭老公，怎么这么烦人啊。"见老公如此的为难，王晓实在是不忍心了，这得用娇滴滴的声音温柔地答应了。"啊，老婆大人，你实在是太好了，太通情达理了，爱死你了，明天就是再忙我也一定跟你一块儿回你家吃饭。"赵炎激动地称赞着自己的老婆。

"你才知道我好啊？娶了我你就是中大奖了，那是你几辈子修来的

第一章 别只看到女人的柔弱——对付男人，她们都有必杀技

福气。""那是当然了，你是我这辈子最大的幸福。""不行，你今天欺负我了，作为偿还，你必须亲亲我、抱抱我才行呢！"话说到这里，王晓开始跟老公撒起娇来，这招用在赵炎身上的确很受用，他赶快把小娇妻抱在怀里，亲吻着她的脸颊，抚摸着她的头发。

第二天一大早，王晓和赵炎两口子就去了娘家，赵炎因为妻子温柔贤惠识大体，买了很多礼物给老丈人，结果可以说是皆大欢喜。后来赵炎也常常在外人前夸奖自己的老婆善解人意，自己能找到这样柔美的老婆真是太幸福了。

有些男人坦言，自己在年轻的时候，总是用视觉来评判一个女人是不是适合自己，她是不是漂亮，容貌是不是能够深深打动自己，跟她走在一起自己是不是很有面子。但是时间长了以后却发现这一切都不是主要的。经历几次沦陷挫败以后，男人的思想关键就会日趋成熟，成熟的主要原因就在于他们吵架吵累了，被某些爱嘚瑟的女生折腾烦了，内心越来越向往有一个对自己关怀备至，真正了解自己的女人在身边。女人的善解人意可以使男人在社会中增加自信，在身心疲惫之后得到一丝宽慰。必定自己是刚强是脆弱不能由得别人评判，这一点只有男人自己最有发言权。

善解人意的女人从很早就已经明白男人的精神世界里究竟有哪些禁区是不容侵犯的领地，如何让男人觉得活着更有尊严，因此绝对不会没事儿用刻薄的话去打击他们，更不会为了在争吵中占据上风，而在把男人打得像只斗败的公鸡一样才会善罢甘休。她们比一般女人聪明的地方就在于，她们会使男人愿意主动亲近自己，而并不是有意地躲着自己绕

行前进。在意个暴躁的女人面前，男人也许时不时会保持沉默，但这并不意味着内心没有逆反情绪，一旦逆反情绪不断地衍化就会生成想离开的消极想法。必定男人也是要面子的主，不论是男是女，倘若每天面对的都是一个三天一大闹，两天一小闹的主，恐怕谁都不会支撑太久。即便是今后这个女人说的问题，很正确，作为一个要保持尊严的男人，也常常会有一种你说东我偏要去西边的冲动。倘若这时候，眼前出现了一个善解人意的女人，他的内心便更加衍生出了找个避难所安家的想法，最起码心里也是渴望找个没有尖锐嗓音的地方好好消停一下的。

其实，这个世界上没有几个人是不讲道理的。善解人意的女人无非就是多替对方考虑的一些，做了一些小小的让步，却由此换来了男人对她的感激，甚至有些男人会从此对她们言听计从，没有半点隐瞒的事情，而这一切似乎都是出于自己的一种心甘情愿。或许这确实是她们做得最成功的一件事情吧！

来点小任性，让你吊起来并快乐着

相对于粗线条的男人来说，女人的心思是无比敏感而细腻的。即便是再大大咧咧的女人也免不了要有点自己的小脾气。她们常常在男人面前会表现出一副不讲道理的小性儿脾气，这种小性儿一旦泛起来多少要带着那么一点霸王条款的感觉："不管说的对还是不对，你就得现在听

第一章 别只看到女人的柔弱——对付男人，她们都有必杀技

我的，因为女士优先，你就得无条件让着我。""不管你愿意还是不愿意，我现在就要看时尚节目，就算你再想看球赛，再想看新闻都统统没戏，要看必须当我看完了再去看重播。"倘若这时候你拒绝她的要求，她就开始暴虐起来，轻则无休止的笑声嘟囔："好男还不跟女斗呢，我就这么点小要求都不答应，心里还有没有我啊？一点宽容之心都没有……"中度一点的不听你的，直接自己拿遥控器换台，你拨过来，我再直接拨回去，什么时候遥控器摁坏了什么时候算完。更严重一点的直接把插销，开始与你进行一对一的对抗。总而言之，只要她想干的事儿，你不依着她你想干的事儿也别想顺利地进行。

面对这种情况，起初很多男人会觉得很无奈。自己怎么找了这么一胡搅蛮缠的主儿呢？不管是不是自己的错，男人首先承认错误都成了不成文的规定。别觉得你有应付这种情况的能力，倘若坚决不主动承认错误，她是百分之百有能力把你折腾的底儿朝天的。不要觉得烦，女人这样做的原因其实很简单，那就是要得到你的疼爱，必须让你表现出自己宽容大度的一面。其实，有时想想家中要是有这么一个天天跟你争竞的活宝也挺好，只要她走进了你的生活，让你适应了她吵吵闹闹的环境，一旦有朝一日她因为种种情况不在身边，必然会让你觉得冷清了很多。这时候你就会深刻的领会到，有时候女人的小性儿也可以让自己得到快乐，尽管这种快乐是一种被吊起来受虐般的快乐。

要小性其实是女人的一种可爱的举动，只要是遇上自己凤体欠佳、心情不爽的，或是在外面惹上了让自己憋屈的事情，女人都会选择在男人身上适当的小发泄一下。偶尔小欺负一下你，干点男人匪夷所思的坏事儿会是她们内心获得相当大的成就感。假如这时候你不理解她，她

就会内心忧郁，像一只备受伤害的小兔子一般黯然神伤。一般来说看见自己深爱的女人不吃不喝面容憔悴，男人多少都会表现出紧张和关切，怀疑长此以往下去，她身体会不会出什么问题。对男人而言，尽管有时候女人使小性儿虽会让自己百思不得其解，时不时发出："女人真的搞不懂"的感叹。甚至对对方胡同里赶驴两头堵，自己怎么做都是犯错误的行为深表委屈和不满，但只要看到她泪眼婆娑、楚楚可怜的样子，心里还是会犹如刀割一般，多少也要上前宽慰几句，尽可能地让她转悲为喜。

丈夫要出差了，妻子有些恋恋不舍，于是开始哭鼻子，一边掉眼泪一边待着埋怨说："又要出差，干脆出去就别回来算了。顺便把你那宝贝儿子抱着一起走！你这倒挺轻松，自己拍拍屁股走人了，所有的事都要交给我料理！一年到头不在家，什么都不管。让我既当完妈又当爹。我还不如自己过得好？怎么人家都不这样，老板就这么待见你啊？嫁给你我真倒了血霉了！"

丈夫说："乖，我的小祖宗求求你，别哭了，这么多人看着你，妆容哭花了就不漂亮了。你的苦我都知道。我每次都跟别人说，我的老婆那是一等一的好，世间少有无人能及。要多贤惠有多贤惠，要多漂亮有多漂亮，要多温柔有多温柔，尽管从年轻到现在很多人都喜欢，但还是这么单纯的洁身自爱！"

妻子："得了！你别给我灌迷汤，想把我灌糊涂了，你好溜号是吧？"

丈夫："天地良心，我对天发誓！我要是骗你，老天爷罚我四条腿在地上爬，就这样爬，这样爬。"

第一章 别只看到女人的柔弱——对付男人，她们都有必杀技

妻子终于破涕为笑地说："哈哈，你当自己是王八啊。"

丈夫笑笑说："放心，我这回出差，回来一定给你带一条巴黎绸的长裙，保证让所有的女人看了都眼红，既羡慕又嫉妒！"

妻子："要粉红色带金线的。"

又夫："成，放心，车要开了。"

妻子："冰箱里那几个苹果别忘了带着路上吃。少喝酒，少抽烟！"

对于女人来说耍小性也是一门艺术，它算得上是生活的一种调味品，适度耍耍小性不管对于男人还是女人都可以从中得到宽慰和快乐。聪明的女人很会把握使小性儿的分寸，她们会撒娇，会在家中逞小霸王，但绝对不会哭起来没完没了，更不会在男人面前歇斯底里的撒泼，让男人失去耐心。相反她们不会让男人把自己的小性儿当成负担，总是能够恰到好处的把握全局，即便是无端地将男人小欺负一番，还能让对方不烦自己，反倒觉得即便是被她戏弄了也挺开心。

所以，男人在面对女人小性儿的时候没有必要过分的紧张，时不时地用一些幽默的方式回馈她的"好意"就可以了。该哄着的时候哄哄，该夸的时候就好好夸夸她。假如有一天她无力取闹得把自己擤过的鼻涕纸塞进你的兜里，就耐着性子把那纸放兜里待一会儿在扔掉，满足一下她想欺负欺负你的欲望一切都会看上去非常和谐而幸福。只要女人的这种小性儿不是经常发作，那就时不时地感受一下那种被吊起来的快乐吧。

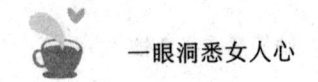

神神秘秘，你才会步步紧跟

在这个只有男人女人两种人的社会里，流传着一个同性相斥，异性相吸的不朽规律。其重要原因在于同性与同性之间即便是不十分了解，对于其骨子里的本质也是了如指掌的。但对于异性而言，就多少要蒙上一层神秘的面纱了。当男人和女人渐渐走向成熟，内心就开始对与自己不同性别的人产生了一种好奇，总是会不由自主地去多想一下对方到底是一个什么样的人，面对同样一件事情他们又是一个什么态度和看法。这或许就是出于一种人的本能，因为不是同一类别，所以就越发想去多了解多亲近。

由于上帝造人的时候，只造就了男人女人两种人，所以这两种人必须彼此了解，从而更好地和睦相处，否则两败俱伤就会影响到整个人间的平衡。想要和睦相处，首先就得先做到彼此了解信任。然而，让男人匪夷所思的是，为什么女人在自己面前总是那么神秘，以至于让自己怎么也搞不明白呢？

相对于女人了解男人而言，男人了解女人就要困难得多。有些时候，女人总是会做出一些让他们无法理解的事情。为什么玩儿得好好的突然就要求回家，为什么很多事情只说一半，后面一半自己怎么央求都套不出来？为什么自己觉得该生气的事情她们没有反应，到了一些很正常的事情上，她们却显得异常愤怒，宛如自己真的犯了什么不可饶恕的罪名？为什么她们总是要求自己做一些自己都不知道为什么要这么做的事情，而当自己想知道事情的答案的时候，她们只是等着

第一章 别只看到女人的柔弱——对付男人，她们都有必杀技

一双丹凤眼，面目冷峻地说："你到底做不做？不做没关系，我自己找别人去做。"总而言之，女人很多时候都会让男人丈二和尚摸不着头脑，甚至让男人倍感纠结，尽管如此，他们仍旧对女人这种神神秘秘的感觉饶有兴致。女人越是神秘，自己就越是好奇，甚至有些男人不得不承认，倘若这个女人没干出这么多怪异的事情，自己似乎也坚持不了这么久了。

美国一家时尚类杂志曾经针对一些经常出国旅游，且年龄在二十五至三十上下的500名单身男士做过一项非常有意思的调查：什么样的女人最吸引你？

A. 亲切可爱的美国邻家女孩；

B. 热情奔放的法国性感女郎；

C. 温柔体贴的日本家庭主妇；

D. 神秘妖娆的阿拉伯酋长之妻。

结果答案出乎人的意料，70%以上的单身男士都不约而同地选择了D。他们的理由是：Y因为阿拉伯女人出门在外总是把自己裹得严严实实的，除了一双眼睛以外，其他的地方总是让你感觉"云山雾罩"，浮想联翩。以至于他们总想撩开那层神秘的面纱，一探究竟。

这真就应了那句老话：距离产生美感，神秘产生大美。在美丽、性感、温柔、可爱、神秘等女性吸引男性的诸多特质中：神秘当仁不让地排在了一个最为重要的位置。

聪明的女人绝对不会让你了解她太多的心理。也不会告诉你她为什

么会这么做，假如你强制性的要求她怎样做，必然会招致她强烈的不满和反抗。她时常会用自己的感触，随着自己的感觉去做自己的事情，尽管有些时候你常常觉得她总是想起一出是一出，或者思维貌似有点不转弯，但还要你坚决的执行。但不管怎样，你仍然会希望去了解她，因为她的神秘和奇怪总是让你对她产生着一般人难以理解的兴趣。也许有些女人终其一生都不会接下她那层与男人之间的那成神秘面纱，乃至于男人看似已经得到她却仍然觉得不是很了解她。其实这恰恰是她的感情智慧。

对于女人的神秘，不少文学家都有着相当细致的描述，例如白居易在他的《琵琶行》中就描写了这样一位女子："千呼万唤始出来，犹抱琵琶半遮面。"试想一下倘若从一开始，这个女人就将自己的全脸都显露出来，是不是就难以勾起写诗人对于女人之美的种种猜测了呢？这个女人究竟是谁，长着一张怎样清秀的脸庞，在她忧郁的琴声背后，究竟埋藏了怎样的感人故事？她为什么会来到这里，未来将要去自何方？种种的猜想和疑问就这样在顷刻间在男人的脑海里浮想联翩，乃至于一定要自己的与其交流，认真地去了解，即便是在知晓以后，还是不断有无数的疑问，一个谜团解开以后紧接着又是另一个谜团的产生。就这样，一个男人开始步步紧跟，怎么也不愿意放弃了解她的机会。

其实女人是相当了解男人的这一毛病的，因此常常会努力地将自己的神秘感演绎得淋漓尽致。即便是一个很美的女人，她们也不会将自己全部的美在顷刻间展现出来，大有一篇文章未完待续的韵味，即便是到了自己生命的终结，也往往会让那个迷恋她的男人连

第一章　别只看到女人的柔弱——对付男人，她们都有必杀技

连难忘。

自打汉武大帝得到了李夫人后，爱若至宝，从此专宠一人。无奈红颜薄命，没过多久李夫人便身患重疾。当汉武帝前来探病，李夫人却以被覆面，严词拒绝："妾长久卧病，容貌已毁，不可复见陛下。"武帝很诚恳："夫人病势已危，非药可以治，为何不让朕见见最后一面？"然而李夫人却执意不肯，武帝只好自行揭开被子，可这个女人却转面向内，唏嘘饮泣，任凭武帝再三呼唤，也未曾回头。

旁人开始埋怨李夫人太狠心，怎料她却像个心理学家一般说出了一番至理名言：夫以色事人者，色衰而爱弛。倘以憔悴的容貌仓促一见，以前那些美好的印象，便会一扫而光，而她的拒绝会让武帝从此记住她的国色天香。

果不其然，当李夫人离世，汉武帝可谓伤心欲绝，亲自督促画师将其生前的美貌复原下来，日日悬挂在甘泉宫内。传说有位江湖术士，看到武帝对李夫人如此思念，遂装神弄鬼了一番，引来了李夫人的魂魄。怎奈汉武帝看到李夫人的"影子"，更加感时伤怀，不由得口诵成诗："是邪，非邪？立而望之，偏何姗姗其来迟。"后来，唐代大诗人白居易为此写下千古名篇《李夫人——鉴嬖惑也》，里面有一句"人非木石皆有情，不如不遇倾城色"，至今令人感慨完全。

李夫人生得国色天香，一生温柔可人，可濒临离世时的举动却如此的不近人情，主要原因在于她是一个很明白男人心理的人：保持了一分美好，就是保持了一分神秘，留给了男人一片思念和无尽的想象空间，

乃至于之后在没有她的日子里，他的脑海中没有半点她丑陋的印记，惟有的是她完美的形象。正所谓"美人自古如名将，不许人间见白头"。由此可见，不管是早先还是现在，女人为了保持自己永恒不变的神秘感，都可谓是煞费苦心的。

第二章
别总忽视女人的本性
——知道其所需，才能赢她一见倾心

你不让她好美色，她就没有好脸色

  女人天生的爱美的，她们的气质修养问题，除了要依靠不断的自我修炼，也和身边作为男人的你有着相当紧密的关系。从某种角度来说，一个女人能不能长期保持美丽的容颜，快乐的微小，跟他身边的男人是不是真的在意她，疼爱她有着直接的关系。人们常说，在恋爱中的女人永远是最美的，由此可见男人对女人的疼爱会很大程度上令一个女人容光焕发，保持优雅的美丽和自信的笑容。其实女人漂亮与男人的面子是彼此相关联的。倘若你不让她们有一个好美色，她们自然也就不会给你好脸色看。有句话说得好："女人结婚后的容貌，男人是要负一定责任的。"在女人的意识里，之所以彼此之间的宿命不同，往往只有一半原因是在于自己的，而另一半原因则在于她为自己选择的男人。世间万物，往往都是彼此相对应的。选择了一个平庸无能的男人，女人往往会因为长时间的尖刻势力，而变得面目狰狞；选择了一个宽宏大度的男人，女人则会展现出一份平和温婉的柔和；选择了一个富有家庭暴力倾向的男人，女人会因为长时间的懦弱压抑而变得疲惫而苦涩。

  走在大街上，我们常常会看到千万张女人的面孔，她们有的面露喜

第二章 别总忽视女人的本性——知道其所需，才能赢她一见倾心

色，有的面显愁容，有的年龄不大，皮肤早已失去了光泽，有的不管走到哪里都要摆出一个泼妇一样的左派。从这些形形色色的人中，我们往往就能透过他们的脸孔，猜悟到她们男人的类型。试想当年青春年少之时，必然很多女人都是有这一张与当下迥异的脸的，因为那时候年龄尚小，情志心绪与现在也是截然迥异的，当遇见自己心仪的男人时恐怕没一个年轻女人的心应该都不会有太大差异，因此也就更容易绽放出女人特有的清秀美感。俗话说："两情相悦中的女人最艳丽"等等，这些都是不容置疑的事情。然而，当下女人由于婚后生活不幸福，昔日一个美丽的容颜，当遭受到粗暴男人的情感暴力后，接近"毁容"的事例也是不鲜见。女人由于内心受到不满，忧郁，麻木，冷漠等诸多负面心理的牵绊，正果容貌发生与曾经截然不同的变化，往往与男人对她的态度有着直接的关系。

曾经听过这样一个故事，有一个女人是村中远近闻名的丑女，很多人都说她长得那么难看，一辈子别想找到一个爱她的男人。可没想到的是，就是这个丑女命运却相当的好，一个外村富有的男人恰巧从这里经过，听到村里有这样一个丑女人便心生好奇前去看个究竟，本来大家认为这个人绝对看了她一眼就不再会想看第二眼，可没想到那个富有的男人却说："他们都说你是如此的丑陋，可我却要把你变成天底下最美丽的女人。"就这样他把她带回了家，并正式娶她为妻。

几年以后，当年丑陋的女人回村看望母亲，却没想到村里的人没有一个认得出她，原来现在的她是如此的漂亮，真的跟昔日不能同日而语。这不仅引起到家的一片惊愕，这到底是怎么回事呢？莫非那个男人真的

有什么神奇的招数，能让当年这样丑陋的女人改头换面么？于是女人们开始凑到她跟前，向她打听来龙去脉。结果，那个昔日的丑女人只是笑笑说："他从来没有说过我难看，而是每天都对我大加赞美，说我很多地方都很漂亮。而且他对我相当的好，相当的爱护我尊重我，舍得为我都如感情，说这个世界上的一切我都配得到，就这样我的心志发生了变化，跟他在一起每天都很开心，很幸福，所以就开始打扮自己，不断地完善自己，希望给他带来更多的惊喜，时间一长我就成了这个样子。"

人们常说女人是水做的，需要男人用心的呵护。曾经有人做过这样一个实验，两杯同样的水放在一起，一杯每一天都接受别人对它的赞美，而另一个则每天接受的都是别人的诋毁，结果两杯水在等同的时间内，前者变得越来越清澈，而后者则很快的趋于浑浊状了。或许这个实验会让我们觉得非常不可思议，但这却是不争的事实。既然水都是如此，更不要说水一般的女人了，她们的心其实很脆弱，倘若因为某个男人而从此丧失了美丽的尊严，那必然对于她们来说是一种莫大的缺失。当一个女人的美色因为一个男人的折磨而消磨殆尽，很有可能会做出很多你怎么想也想不出来的偏执行为。往小里说，她们的性格会有很大的变化，就好比鲁迅《故乡》中所表述的那个杨二嫂，原本堪称是远近闻名的豆腐西施，结果一下子却变成了一站变成圆锥型的标准泼妇。而严重的很可能因为心理畸形而走了歪心，有的到外面寻求心的感情寄托，有的则对身边天天睡在一起的男人怀恨在心，欲除之而后快，这一切都是相当可怕的。

有人说取悦女人是男人的义务之一，在圣经中也要求男人爱自己的

第二章 别总忽视女人的本性——知道其所需，才能赢她一见倾心

女人要犹如爱自己的身体一般精心呵护，只有这样，男人女人之间的关系才能保持永恒的和谐，有了彼此的关系和爱之后，女人自然会变得越来越漂亮，越来越想男人希望她变成的样子发展。因此，不要再在她面前抱怨她的容颜不如往昔，不要用各种高压政策去诋毁她折磨她，更不要动不动就去背叛她殴打她。必定一个女人一辈子选定在你的头上也要下一番狠心，秉持一份矜持。因此不管是出于责任心也好，还是出于对爱情不断延续的美好期待也好，男人都不应该剥夺女人美丽的权利，否则时间一长不但生活是索然无味，女人自身的变化也不要奢望她能给你多好的脸色看了。

其实女人很好了解，她们是感性的动物，爱是她们一生追求的目标，也是支撑她们幸福大厦的中流砥柱，在女人看来一生最珍贵和珍惜的就是爱的分量。在一个女人施与爱和接受爱的过程中，只要她们喜欢就会用十分的爱来报答那一分的被爱，因为她们很清楚爱才是她们赖以生存的基本要素。因此，作为男人还是好好在意和呵护身边的女人吧，珍惜女人的爱，让女人生活在爱的阳光之下，她们就会时刻绽放美丽的光彩，恒久延续的青春。

小惊喜的浪漫，胜过大礼物的现实

很多男人都在抱怨，为什么女朋友的礼物那么难买。本来自己的审

美观就不到位，还非得让他去买。倘若这时候自己直接给钱，可能对方会很爽地给自己一巴掌走人，但是不给钱，一定要自己买，又揣摩不透她的心思。买的让她满意了这一关算顺利通过去了，但要是万一没有达到对方对于审美和质量的标准，或者买了对方最反感的东西，那么日子恐怕就不会那么好过了。因此不少男人一碰上特殊的日子就会紧张得要命，犹如要经历一长很重要的考验，假如女人这时候打上一个不及格的分数，恐怕除了费力不讨好外，内心起码会不自在一个星期。

那么究竟女人对于礼物的概念是什么样的呢？究竟什么才是她们最喜欢的东西呢？曾经有不少男孩儿抱怨自己的女朋友实在太难伺候。买便宜的她们会说你根本不在乎她，觉得自己没有任何价值。但是买贵的吧，她也未必真的喜欢，一会儿说太俗，一会儿又说自己根本用不上，一会儿又开始挑剔款式和颜色，总是每一次她们都不满意，每一次都让自己丈二和尚摸不着头脑。其实礼物这东西说白了就是一份心意，能够让对方感受到你是很真诚的就好，她其实象征着一种感情的真挚。在这里我们不得不承认有些女人是以礼物的价值来衡量一个男人的真心，依靠男人的礼物来累积个人的收益。但也有不在少数的女人会觉得，能够体会到一个男人对自己的真心实意，能够感受到对方挖空心思制造出来的小浪漫也会相当快乐的事情。

不得不承认，女人绝对是个世界上最难伺候的主。由于他们过于敏感，想入非非，感性的有点神经质，因此男人没有把她彻头彻尾的搞明白，是很难迎合她的感觉的。对于一个女人，如果你做得好，她可以通过一件很小的事就把你爱得死去活来，但也会因为一件很小的一件事，把你从此恨到了骨子里，而究竟结果是什么样的，恐怕还是要靠男人自

第二章 别总忽视女人的本性——知道其所需，才能赢她一见倾心

己的悟性了。

的确，我们不能不说，男人常常会因为这件事情憋屈，甚至会因为送礼没送到点子上而郁闷的要撞墙。从这个角度来说，女人绝对是既容易感动，又不容易被感动的动物。但聪明的男人还是能够从中找到一些线索。正所谓文章要先看中心思想，女人这辈子最需要的是一份昂贵的女人，还是一个真正愿意对她好一辈子的男人呢？恐怕大部分女人还是会不假思索的选择后者。要礼物无非就是要更进一步的证明你有多爱她，既然这样不如就在这一时刻，把真心亮给她看。至少至今为止，在大部分女人眼中，需要小惊喜的浪漫，往往是会胜过大礼物的现实的。只要你掌握给女人送礼物的技巧。即使你是乞丐，在女人的眼中，你比比尔盖茨更有魅力。

一次在电视屏幕上听到著名演员沈丹萍讲述着她和自己外国老公的婚姻趣事。当她说到一份礼物的时候，脸上却夹杂着一份幸福的怒气，那就是一份安置在一个精美礼盒里，打着漂亮蝴蝶结的白菜。

沈丹萍回忆，那时候在中国，倘若领着一个外国人去买菜，肯定是砍不下价钱的。但是由于老公很爱自己，就非要跟着她去买。无奈之际，她只能在进菜市场的时候，跟老公保持一段距离，先行去跟商家砍价，掏完钱以后再让老公过去接菜。时间一长，老公不愿意了，告诉她不管怎样，下次自己一定要跟她手拉手去买菜。但是当下一次她俩再去买菜的时候，沈丹萍还是跟以前一样，没想到自己正跟商家砍价，老公却就站在自己身边挨得很近一动不动，结果商家看见这状况就怎么也不肯便宜。这可一下子把沈丹萍弄生气了，回家开始跟老公干仗，结果这个男

人还觉得很委屈，于是自己一个人开车出门了。

结果几个小时之后，老公回来了，她手里还带了一个礼物盒子，包装得相当精美。打开一看却是一棵带着漂亮蝴蝶结的白菜。老公自豪地告诉沈丹萍："亲爱的，别生气了。今天买白菜没成功，我花40块钱精心挑选了一颗小白菜送给你，希望你能原谅我。"可这时候沈丹萍刚下去的火又噌地一下上了头顶："一棵白菜在中国那么便宜，我还要跟人家讲讲价钱，结果你还花40块钱买棵白菜来送我，什么意思啊？"但不管怎样，她的心里还是很幸福，必定老公是很爱她的。即便是表达方式上不到位，但还是营造出了一种既幽默又温馨的浪漫气息。

其实有时候女人就是这么奇怪，你送她再贵的东西她不稀罕，但假如你能把事情做到家，送她一张纸她都会感动得泪流满面，长时间都会把这件事情记在心上。之所以出现这么让男人不可理解的怪现象，还是在于女人内心对于幸福感的理解。在她们看来，物质需求的确很重要，但是找个好男人似乎是更重要的。与其挖空心思琢磨送她什么好礼物，不如借着送礼物的机会向她证明你是一个能够给她带来幸福的好男人。必定女人还是期待有这么一个能让自己长时间沉浸在浪漫遐想中的男人出现的，倘若能这样幸福地过一辈子，必然是要比跟一个贵重的礼物过一辈子划算得多。

所以，你还要在送女人礼物这件事情纠结么？如果总是以为的在盘算礼物的贵贱，自己经济的耐受力，那只能说明两种可能，一种是你找错了女人，还有一种是你还是没有明白女人真正需要的是什么。男人对于礼物的创意，千万不要只存在于物质的本身，必定精神上的熏陶比这个重要的多。两个人在精神理念的上合拍才能真正走的长远，从这一点上，不论是男是女，只要真心的爱对方，就应该在内心坚信：小惊喜的浪漫比大礼物的现实更重要。在追求物质的同时，任何人都不会轻易地将幸福浪漫的甜蜜感彻底遗忘，必定人与人之间的感情，是因为有爱的存在才会在希望中不断延续和深入的。

她需要赞美，但别夸得不合实际

有时候觉得女人很虚荣，为什么一定要男人玩儿命的夸自己，才会心里觉得平衡而安全呢？为什么她们总是那么奇怪，自己明明已经迎合了她们渴望被夸奖的需求，还是会惹她不开心，搞得自己很狼狈呢？她们常常抱怨男人不会好好说话，可是男人已然不知道好好说话的标准是什么样子的。对女人不夸她跟你玩儿命，夸了没夸准她说你侮辱她人格，总而言之只能是怪罪自己不懂女人，但心里又觉得委屈，这个世界上能有几位彻头彻尾的明白女人那点心思呢？

其实，夸女人也是一门艺术。别小看了这门艺术的威力，会夸女人的男人走到哪儿都会受到女人的欢迎，即便是自身条件不是特别的优秀，也总是会有女人愿意跟他待在一起。但有些人真的各方面很优秀，可就是没办法处理好自己的嘴皮子功夫，该说的时候不好好说，不该说的是嘴没把门的。所以，总是干一些费力不讨好的事儿，让不少女人都望而却步，敬而远之。必定女人选择男人多少也夹杂着心情上的考虑，如果这个男人能让自己每天在赞美声中开开心心，自己必然会觉得非常幸福。必定人这辈子，按说一切的活动都是为了一个目的，在生存延续的这段时间找到更多的快乐和幸福。在这个世界上，喜欢被人夸奖的应该不只局限与女人。不管男女老少，没有一个人愿意天天听着损自己的话过瘾，相反大家都很愿意去听别人说一些顺自己心意的好话。

女人的确需要男人的赞美，但这不意味着她们不知道自己究竟几斤几两，假如这时候男人的夸奖过于夸大，她们就会产生反感，甚至恼怒，认为男人的这种夸奖是在有意的羞辱自己。当这种想法再她们的头脑中根深蒂固，她们会忽然觉得你这个人太过虚伪，从而对你嗤之以鼻的排斥。因此作为一个男人，除了要知道去夸女人以外，还要知道把我夸奖的分寸，找到对方最值得夸奖的特质，只有这样才能够获得女人的接纳与认同。这看似很简单，但做起来也未必真的那么容易。

在一个会运用赞美之词的男子面前，女人每一天都会绽放出最美丽的笑容。因为他说起赞美之词来总是让女人们觉得自己并不是一定要有意为之，而是因为忽然看到了她们身上少有的特质而忽然发出的感叹。真正会夸人的人，总是会在一瞬间找到这个女人最想彰显的地方进行自己的赞许，而且往往都会点到为止，让女人自己对她进行诉说。在整个诉说的过程中，聪明的男人可以了解到这个女人对于各种事情的看法，对于人生的见解，随后他们才会去考虑这个人与自己究竟合不合拍。尽管整个交流的过程中自己不过是一个配角，但他们始终扮演着一个很诚恳的角度。看不惯的地方仍然保持微笑，但不支持也不否定，然而对于他觉得很认同的观点，他们会积极的给予肯定，并适时地补充一些自己

第二章 别总忽视女人的本性——知道其所需，才能赢她一见倾心

的想法。总而言之，不管自己之后如何去思考和分析，他都能保证整个交流的过程充满着和谐友好的氛围。在女人的眼中，能够给予自己符合实际的肯定，会让自己充满欣喜。能够给予自己这样赞美鼓励的人，也会成为她们意识里看着最舒服最顺眼的人。

那么怎样做才算得上是对这个女人最合时宜的赞美呢？这时候忽然想起曾经有一个男孩儿最为真切的一条经验："如果一个女孩儿姿色上等你可以说她美丽，如果紫色中等你可以说她可爱，如果姿色真的属于下等，你可以笑着说她很善良。"这句话的意思就在于，赞美一定要恰到好处，有些时候没有必要可以为之，顺势一个赞美的小点缀，就可以收到非常好的效果。运用好了的话，不但可以让一个女人欣喜万分，说不定还可以在两个人闹不愉快的时候顺利帮你摆平风波。

有这样一个妻子虚荣心非常重，当夫妻两个人在商量出席友人的婚礼时，为了让自己在人前更漂亮，她开始缠着丈夫要买一种昂贵的花帽。此时正值家庭中在闹经济危机，丈夫自然是不愿意答应花这么大一笔钱，因为他觉得这样做真的没有必要。争吵中，妻子便开始生气，带着半个埋怨说："你看看人家林啸和王磊对自己的爱人多大方，早就已经为自己的夫人买了这种花帽，哪像你，小气鬼！我怎么这么倒霉，嫁给你这样的男人，一点都不顾及我的感受。"丈夫不愿过于争论，只是故意对妻子大发赞叹地说："可是你知道吗，她俩哪有你那么漂亮？我就敢断定，她们要是真的像我家娘子这样美，根本就不用买帽子去装饰了，你信不信？"妻子一听到这样幽默的赞叹，不觉花怒气为笑容，一场争吵也就这样平息了下来。

男人给予女人的赞美是对女人价值的一种肯定，更是对女人性格特质的一种欣赏。在每个男人的心中，每个女人的身上总有那么一点美丽动人的地方，有的皮肤细腻，有的身段婀娜，有的穿着得体，有的博学多才。总而言之，不同的女人内心总有着一些希望表露给别人的优点。因此，要想博得女人的欢心，男人就一定要不断地去发现，不断地去捕捉她们身上的美感。其实，女人往往是很矛盾的，她们既希望得到男人的肯定，又希望在这个男人面前展现最真实的自己。这样一来就必然会给男人的赞美造成了一些难度，但不管怎样，只要我们真的可以开动脑筋，必然就可以达到她们最理想的标准。

其实这个世界上，女人是非常好理解的。只要用心观察，你就会发现她们真的特别好哄，只要你脑袋够聪明，很好的运用赞美的方式方法，想取悦女人还是相当简单的。尽管赞美之词不过是一张嘴一闭嘴之间的事情却可以说效果非常好。在女人看来，最关心的问题并不在于男人对于她说的那些华丽的言辞，而在乎的是他对自己是不是真的肯定和欣赏。在女人的意识里，男人的赞美会使她们感到安全，从而有效地获得心理上的满足，所以她们对于那些称赞过自己的男士印象也会更加深刻。因此，想博得她们的好感，千万不要吝惜自己的赞美之词。但有一点一定要宁记，那就是赞美一定要做到恰到好处，必定不符合实际的赞美是令任何人都难以接受的。

第二章 别总忽视女人的本性——知道其所需，才能赢她一见倾心

陪她逛街，别只去那个拎包的

前两天看见商场里专设了一个地方供男士朋友们休息，并将其取名为"老公托管所"，这样一来女性朋友们可以在商场里肆无忌惮的逛街购物，而男人们只要把银行卡已上交，便可以安静地在那里喝喝茶，看看报纸和电视，既不用去做那个拎包的奴隶，又可以免受与老婆一起逛街的痛苦，更有效的避免了两个人发生争执的频率。反正在商场里一坐，也就不用想着她是怎样左挑右挑的浪费时间，自己眼不见心不烦找个地方待着也挺好。但他们并不知道，女人打心眼儿里是很希望自己的男人能跟自己一起逛街的，她们并不仅仅希望男人去当自己拎包的努力，更希望的是能够让自己的男人与自己的审美观保持一致，不断的建议自己应该如何更好地修饰自己，一致于能够使自己更像男人喜欢的方向靠拢。

没错，这个世界上十个女人往往有九个都难以抵挡住购物的诱惑。由于她们天生是感性的动物，对于美的理解一般要比男人的意识境界高出很多，只要看到自己喜欢的恭喜，两眼就会放光奇异的光彩，脸上也充满了兴奋之情，只要经济允许恨不得下一刻就可以把它搬回家。其实，女人逛街无疑是希望自己的生活更加瑰丽多彩，她们并不像男人所说的那样是一个只知道花钱不知道赚钱的傻瓜。之所以有些时候她们会对自己比男人大方，不过是为了让自己的心情更好一些，能够缓解一下内心的压力。尽管她们在自己上街的时候也很开心，但心中还是非常希望自己的男人能陪着她一起到商场转转。

很多男人一听到女人逛街这件事情就心惊胆战，主要原因是多重的，有些人觉得女人看上的东西，假如太贵自己掏钱对不起自己，不掏钱她又不开心，这样一来必然会使自己陷入尴尬。还有人觉得女人逛街时间耗费的太长，东边看看，西边转转，挑来挑去甚至跟对方讨价能讨半个小时，然后自己腿都等酸了往往也是无果而终。女人常常会在一家小破门帘里转很长时间才恋恋不舍地出来，然后再奔赴下一家。一点下来，很多男人都会累得腰酸背痛腿抽筋，这样一传十十传百，除了特别的几例自己先天性爱逛街的人以外，其余的男人大多把陪女人逛街看成是件难伺候的苦差事。的确，对于逛街大多数男人都是不擅长的。这跟男人买东西的习惯有关，他们讨厌婆婆妈妈，发现自己需要什么，会直接针对这件东西去买，买完以后一般都不会在商店逗留太长时间。因此很多商家都感叹，男人的钱相当难赚。可是你知道吗？倘若你可以转变自己的观念，从另外一个角度看待陪女人逛街这件事情，就会觉得收获颇丰。下面就让我们一起来看看，陪女人逛街究竟有多少收获吧。

1. 了解真实的她。男人善伪装，女人也不是傻子。有些时候，她们也会将自己的本性隐藏起来。例如有些女人表面上说不在乎对方是不是真的有钱，自己看中的人不是钱，可事实上确实一个彻头彻尾的物质主义。也许平时男人并不能将其精准的加以了解，但是通过逛街这件事情却可以将其看得一清二楚。例如对于那些高昂的商品，她的欲望强不强烈，如果这时候你说不要买，她会不会沮丧生气。她对于你在与她这段逛街的过程中，是不是真的很大度，不会计较你提议去一家小餐馆就餐，会不会对于你所建议的经济实惠的商品相当排斥。总而言之，几次逛街下来，你必然可以将她的本质摸得清清楚楚，俗话说得好，透过细节才

第二章　别总忽视女人的本性——知道其所需，才能赢她一见倾心

能看到本质，逛街的细节，足够可以让一个男人真切的了解这个女人，知晓她的真实面目究竟如何。

2. 权衡她的思想和审美。如今的男人，不仅仅要求女人要有美丽的外表，还要求这个女人有很丰富的内涵，最起码要和自己合拍搭调才行。当与她走在繁华的街市，面对琳琅满目的商品，她必然会因为自己感兴趣的东西而放慢脚步。这时候，男人就可以准确的把握这个女人的审美观跟自己是否一致。例如明明自己喜欢熟女气质的女人，可这个女孩儿偏偏喜欢的是性感裸露的服饰，而且对于这样的花哨服饰可以说是津津乐道，那么如果是交往不深，你的心里就该做一个权衡，究竟是该继续还是放弃。必定审美不同意味着思想上是很难保持合拍的步调的。此外，在逛街的过程中，由于女人的注意力并不完全在你的身上，因此在一路的交流中，更容易泄露她思想上的缺陷以及她为人处世待人接物的毛病，这都是男人从容做出选择的第一手珍贵资料。我们说，如果你真的是准备很认真地去面对一个女人，准备跟对方有个结果，光看优点是不够的，关键是要看她的毛病你能不能受得了。必定结婚以后，不管男人女人都不要指望你能改变对方，倘若你没有在之前发现对方的这些毛病，婚后又觉得根本难以忍受，那必然会影响两个人彼此之间的和谐关系。

3. 套套话。和男人一样，女人有些话是会说的，但是有些话是准备烂在肚子里的。平时她们会小心谨慎，但是什么人一旦处于分心状态就会放松戒备，这时候是男人套出对方秘密的最佳时机。时不时地在她不经意间提问，或者从别的事情上将话题往自己感兴趣的事情上引，对方只要思想不在你这里，注意力不集中，是很容易跑舌头的。而这时候的

你，就可以面色平和，脸上不必表露太多，不管结果是开心还是难过自己知道就好了。正所谓说者无心听者有意，有些事情你知道了，她却忘记了自己跟你说了什么，这样可以说是为自己更好地把握方向加了一成胜算。

看了上面的好处，作为男人的你在面对陪女人逛街这件事情上，真的还觉得自己很被动么？如果你真的想了解她是一个什么样的人，曾经有过怎样的经历，她愿意告诉你的，不愿意告诉你的，只要方法得当多陪她逛几次街就全明白了。所以说，聪明的男人陪女人逛街往往应该展现自己积极的一面，就算在女人心里你只能说是一个配角，甚至是一个拎包的助手，但只要你够细心就可以从中得到很多意想不到的收获，既讨了女人的欢心，自己又没有太多的损失，何乐而不为呢？

耐心地听她把话说完，就算你很不耐烦

很多男人在饭桌上调侃的时候说自己现在真的不想回家。原因并在于自己在外面寻花问柳，而是难以忍受家中女人无休止的叨叨。要么是一些家长里短，要么就是生活中吃喝拉撒那点事儿，时不时地还不忘抱怨两句再把自己数落一番，本来累了一天回家想躺在沙发上看电视，结果耳朵边上跟有只蜜蜂在不停地嗡嗡，还让自己无处躲藏犹如深陷地狱一般。

第二章　别总忽视女人的本性——知道其所需，才能赢她一见倾心

　　的确，男人工作很忙，应酬很多，压力很大，所以总觉得自己不容易。但是这时候千万不要忘了家中的女人也并不轻松。即便是做了全职太太的女人，也会觉得生活无着无落，每天一个人在家，就像个保姆一样忙这忙那，尽管没有了上班的辛苦，内心却是空洞不安的。这时候女人会怀疑自己的价值，会因为朋友越来越少而倍感失落。她们总是会担心有朝一日男人跟他们谈论的话题她们一点都不明白，害怕男人会因为自己的手心向上而渐渐与之疏远。总而言之，女人的心里撞了多少不安的心事，恐怕只有她们自己了解了。

　　在家待了一天，好不容易看见男人回来，家里多了点人气。可是当自己靠到男人身边的时候，他却一直闭目养神，似乎连正眼看她一样的欲望都没有。倘若这时候，她随便没话找话的跟你搭讪，你却懒得搭理她，她心里必然是不好受的。时间一长诸如疑心病，动不动躁狂的毛病就衍生出来。每当男人们在人面前对自己妻子的无理取闹怨声载道的时候，究竟有没有想过这与自己平时的行为也是不无关系的。

　　其实，在我们寻觅恋爱对象的时候，总是会把这样一句话挂在嘴边："首先我必须保证我们俩聊得来才有可能在一起。"这句话的意义就在于，两个人只有具备良好的沟通关系，才能够更深入地了解彼此，才能够找到彼此的共同点。爱情要想开好头，就必须先用语言说出来，而要想将它延续，恐怕就要彼此给对方一只耳朵去倾听。有些时候，女人并不希望男人一定要为自己做什么，她只是希望对方能够做一次自己的忠实听众，像起初恋爱时，男人总是要不惜一切代价打探她的消息一样。她们有时候很难转变自己的角色，搞不清楚为什么当年自己什么都不说，男人都要绞尽脑汁地去了解她，而现在自己想去告诉她自己的感受，

045

他却连听都耐不下性子呢？要知道这件事情对于一个女人是有着相当大的杀伤力的，没人忽视本身就会让人内心失落，更不要说让自己失落的人是自己最爱的那一个了。

朗朗是一个才貌双全的女人，25岁那年她疯狂爱上了一个她认为非常优秀也对她很不错的男人，之后便顺利的与其缔结良缘。本来故事已经有了一个很好的结尾，正如童话故事里说的："王子和公主从此过上了幸福的生活。"

然而婚姻延续了不到3年，朗朗就开始少言寡语，对待自己的丈夫也是冷若冰霜，本来性格谦和的她开始言辞激烈的对待身边的所有人。这时候大家都开始纳闷，这个女人究竟是怎么了呢？在两个人结婚之后的第五年，朗朗因为自己实在难以再承受这种没有亲情感的婚姻，而最终与自己的丈夫和平分手。这时候，有些朋友怕她伤心所以前来问候，问及此事的时候，她道出了原委："我们两个确切地说，吵架的机会都很少。他这个人其实也没有什么劣迹，工作也很努力，起初我觉得这样的男人世间少有，找到他应该是自己人生的一大幸运。然而事实并不是这样，我没有想到他心里只有事业，对于我来说，这个家里不管是有他还是没有他都是一样的。我每天一个人回家，一个人吃饭，想他的时候打个电话，他也是草草应付几句就挂。起初，他晚上回来晚，我点着灯等他回来，但当他回来以后，却少有那个耐心能听我说上几句话。每一次都是自行洗漱，然后倒床就睡。我忽然觉得自己是一个多余的人，不知道自己当初为什么要结婚，如果结婚与没有结婚没有什么区别，那我为什么一定要被一张纸限制着自己的自

第二章　别总忽视女人的本性——知道其所需，才能赢她一见倾心

由呢？"

这时有个朋友劝她说："朗朗不要这么想，其实他这么努力还不是让你能过上更好的生活？或许他是因为太累了，并不是不关心你的。"没想到朗朗说出了这样几句话："作为女人，我理解男人在这个社会上生存的不易。但作为女人每天面对的是一个对自己爱答不理的男人，也是一种莫大的痛苦。在我看来，这就是一种家庭冷暴力，表面平静，却始终好似锋利的刺刀，常常让我感觉到万箭穿心。有些时候，我宁愿去大街上找一个爱听我说话的人共度时光，也不愿意回家看着他像死人一样躺在一个地方对我不闻不问。"

世界上有多少对夫妻因为缺乏交流感情淡漠自己当年生死相随的誓言变成了可笑的谎言。当女人还是女人的时候，男人觉得她不够女人，当女人真的够女人的时候，男人又觉得她太腻糊，于是他们的感情开始日渐淡薄，宁可信其有不可信其无的日子就这样拉开了序幕，男人用自己的方式理解着婚姻，理解着自己应该对女人表现的态度，也许很多人都觉得自己从来都没有做错过，可自己和女人的每一次谈话都是一个不欢而散的结局。就这样女人开始用冷嘲热讽的尖锐回馈着这个与自己朝夕相的男人，而男人也开始用沉默的表情代替自己无需辩白的语言。

有时候觉得，两个人的生活中一旦没有了正常的交流，每一天的日子都不会太好过。如果两个人的日子还不如一个人自在，那也就没有了继续下去的必要。其实这个世界上没有解不开的心结，或许很多心结都不应该出现在我们的生活里，只要你原因成为女人的忠实听众，愿意耐

心地听她把话说完，听听她这一天遇到了什么，不管是感兴趣的还是不感兴趣的。其实女人并非都是不明事理的，她必然会因为你为她做的事情而深受感动。因为在她看来，如今的你仍然在乎她，依然一如既往的关心她的一切。

第三章
别以为女人不精明
——女人常常装傻，但绝对不是真傻

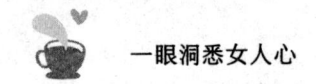

随意几句话，就把你的底细套出来了

　　有时候男人很自信，这种自信甚至有些略显自负，他们总是觉得自己很聪明，总觉得这个世界上只有自己拿得住的女人，没有女人能拿得住自己。当然能说出这种话的男人肯定也是有本事的，他们必然是觉得自己是懂女人的。但什么事情都有着那么点例外，男人可以聪明，但女人也绝对不笨。从某种角度来说，她们有的时候反映要比男人还要灵敏，尽管体格上没有男人健硕，外表又是那么的柔弱，但是常常会依靠自己的智慧给男人搞点出其不意。与男人的思路清晰相比，女人更像是一个受到自我直觉影响的读心高手，尽管这种所谓的直觉有些虚幻，却常常是屡试不爽。问及缘由，女人常常会在脸上露出一丝诡异的笑容，将其称之为是自己的第六灵感。

　　自古以来女人是最会探听他人底细的人了。只要她愿意，就可能能有本事把你族中八倍的故事全都了然于心。即便是不动用自己的外力资本，单靠自己对于细节的观察，也完全可以把你的来龙去脉摸得一清二楚。对于男人她们惯用的手段是不露声色，随意几句话就不知不觉地将男人那点背景和心思全都搞明白了。或许这时候作为男人的你还不知

第三章 别以为女人不精明——女人常常装傻，但绝对不是真傻

道发生了什么，而她们自己却已经在暗自衡量自己是不是要跟你深度交往，是应该猛烈进攻还是应该知难而退了。

男人和女人是需要交流的，语言的魅力尽在于此。说出来的话即便是假话也是在表明自己对于某件事情所持的一种态度。因此聪明的女人若想了解你，必然会抓住每一个与你近距离沟通的机会。有些男人觉得和女人见面是很正常的事情，或许一开始他根本没有想过要和对面坐着的这位发生什么故事，但是有心的女人往往却是带着脑子去的。她们会珍惜每一分每一秒的交流，会特意营造出一种轻松愉快的氛围，以此来让男人放松警惕，并真正放下种种的防备之心，将心里话统统地说给她听。

人们都说男人是交际高手，他们可以在瞬间抓住事情的主要脉络，从而准确的策划好自己下一步要做的事情。但事实上女人对待男人，想更深入地了解对方，与其交流的手段也是相当高超的。她们可以很好地把控全局，在提问策略和节奏上也是相当的到位。她们常常会从与男人无关的事情聊起，最终把弯子绕够了再言归正传。这样做的目的是让男人在绕弯子的过程中放下心理负担，其间的翻山越岭已经把他搞得晕头转向糊里糊涂，或许真的已经放下了心中所有的警觉，开始相信这个女人只不过是想跟自己闲聊片刻，并没有太多的目的性。就这样，两个人的沟通会在愉快的气氛下进行，当女人确定时机已到，该收网的时候，便开始试探性地切入正题，向男人了解自己想知道的一切。与男人的果敢直接相比，女人的这种行动或许有些小人之嫌，但她们相比与男人都是相当高明的心理专家，她们不但兜圈子很在行，高明者甚至可以在顷刻间赢得对方的好感和信任，将其视作自己的红颜知己，大有相见恨晚

的意思。

　　其实，这样做也是可以理解的，或许大多数人这样做并非出于什么恶意，而是真的想知道藏在面具下面真实的你是什么样子。当经历了人生百态，职场奋斗的艰辛之后，女人和男人一样，会从青春稚嫩渐渐归于理性成熟。随着时间的洗礼，女人除了得到丰富的阅历外还被社会添加了那么点现实的韵味。她们开始对自己想要的男人有了雏形和标准，开始渐渐意识到什么才是自己真正想要的生活，开始寻思着和什么人在一起才能共同营造出自己后半生梦寐以求的人生。在这一点上女人跟男人没有什么差别，她们开始看淡彰显在男人表面上风光虚伪的假象，开始关心面具之下的他们是不是自己想要的，开始寻思一些细节问题，例如他究竟是不是具备自己希望的特质，他的毛病自己是不是能够承受，他的家庭条件如何，曾经经历过什么，对同一事情的观点是不是能跟自己保持一致。从这一点上来说，女人之所以会采取这种手段完全是男人逼出来的。因为按照男人个性，不管自己面对的是什么样的女人，都不会轻而易举的暴露自己，除非自己脑袋已经不听使唤，否则必然会遵循打死也不告诉你的崇高原则。可这个世界就是这么神奇，世间万物往往都是一物降一物。男人上有政策，女人必然会不甘人后的琢磨对策，正因为有了男女这种正负级的博弈，才切实地保证了整个人类社会的平衡。

　　所以不管什么时候，千万不要低估了这个世界上任何一个男人，更不要看扁了这个世界上任何一个女人。正所谓适者生存，人只要能在这个世界上活着，就必然有着自己延续生存的策略和方法。随着世道的复杂，每个人的内心都有着那么一丝忐忑的防御心理。男人不多说没有错，女人要多问也没有错。必定这个世界容不得我们展现过于高尚的一面，即便是无私的人也会相信"人不为己"天诛地灭的客观真理。这里对这件事情自然不必说，只是想敬告大家，对于女人的话，要分为两面来听，有些话说了也就那么一听，听了也未必一定全信，即便是自己真的不知道她要干什么，从对自己负责角度来说还是把好自己嘴，静观其变微妙。

知道你说谎，她也能听得津津有味

这个世界上最爱骗人的是什么人？或许连男人自己都不得不承认，最爱骗人的是男人。这种说法绝对不是虚晃，假如你愿意亲历观察，就必然可以发现，除少数女人是瞎话篓子以外，男人平均每天说谎的频率要比女人高出好几倍。当然这里面不得不说有些时候，男人说谎大有一种被逼上梁山的韵味，但也不排除有不在少数的人是有意为之的。有些男人坦言，有些时候觉得自己说个谎也是很不容易的，因为只要谎言开了一个头就必然要将谎话一个又一个地延续下去，有了一个起点，似乎终点就已经注定是遥遥无期。

由于自己爱面子，不愿意戳穿自己，因此常常把自己搞得心力交瘁，每天除了忙这个忙那个，心里还在寻思怎么能够尽量地把自己撒的谎在圆满一下，让他看起来更像是真的，尽量不要让对方看出什么马脚。因此，他们常常在经历了一身冷汗以后又开始泰然自若的口若悬河，即便知道这是自己在跟自己过不去，打肿脸也要充胖子，也不愿意放弃了自己将谎言进行到底，上了路就要一直走到黑的执着。

即便男人常常会觉得自己在这方面很高明，却无奈上帝偏偏制造了那么一个具备识破谎言的女人。虽然她们嘴上不说，却往往最关心男人是不是又在欺骗自己，像一个福尔摩斯侦探一样反复的考证着从男人嘴里说出来的每一句话，恨不得要逐字逐句地去鉴别其间的真真假假。尽管如此，她们还是会在表面上让对方觉得自己什么也不知道，甚至有时候还会制造一些自己是傻瓜的假象。她们的这种心理常常会让男人丈二和尚摸不着头脑，究竟是她不愿意相信自己说的谎话是有意为之，还是有意的要把这些谎话当成寄托？为什么自己有些时候成心说一些假话吓唬她，她还听得那么津津有味呢？

的确，或许很多女人是这个样子，由于倾慕你所以不在乎你说的话是真还是假。但有些女人却并不是这样的，她们之所以戳穿你，是觉得现在没有戳穿的必要，她们之所以听得津津有味是不想打草惊蛇，她们的目的在于在静观其变中好好观摩一下你后续的发展情况。倘若一发现点小毛病就立刻戳穿就很难看清楚后面更严重的问题，这在她们看来未免有点太玷污自己戳穿谎言的敬业精神。常言道："放长线，才能钓大鱼。"细节的小问题可以一笔带过，女人弱真的聪明，必然会在该出手的时候才出手，一招就会直接击中对方软肋，让男人根本没有余地自圆其说。

其实，在这个世界上无所聪明的男人，也无所谓笨蛋的女人。很多男人觉得自己心理素质良好，摆平身边这个没心没肺的女人简直就是小

第三章　别以为女人不精明——女人常常装傻，但绝对不是真傻

菜一碟的事情。她们往往对自己表现出无比的信实和忠诚，似乎自己说明天是世界末日，她们今天晚上也会坚定的要跟自己度过此生的最后一段时光。但事实上，女人心里也是明镜一般。有些男人觉得自己应该知道的她们知道，有些男人觉得不应该让她们知道事情她们真的也未必就不知道。之所以在明白事实不是这样以后还能这样泰然自若，原因是各种各样的。

事实上，男人跟女人说谎是为了不想跟对方撕破脸，发生不必要的争执。而女人打心眼儿里也是不愿意大动肝火的，如果不是什么非常重要的问题，也是懒得跟对方掰扯生气的。既然大家都是为了同样一个不发生争执的目的，女人往往还是会尽可能地展现出自己大度的一面。正所谓，独角戏难唱，一个巴掌拍不响。既然今天这出息是一出男人自导自演的空城计，倘若这时候没有人在城地下配合肯定是要出问题的。因此为了保持和谐，很多女人会选择帮助男人把这出戏演完。只要在演绎的过程中适时地让他们捣出一身有惊不险的冷汗就已然达到自己的目的了。既不戳穿对方，又让对方自己明白这次不管是走运，下次再这么耍了肯定玩儿完就对了。

有些男人嘴很甜，话像占了蜜饯一般，常常让很多女人难以抗拒。不可否认他们抓住了女人便于感性，青睐浪漫的软肋。甚至很多人认为不管什么时候，只要自己这股蜜糖风一吹，女人就会瞬间被他倾倒，哪怕自己真的做了什么不该做的事情，也可以很高明地用这种手段打消她的坚定信念。即便是已经到了濒临分手的边缘，自己也完全有这个能力把她重新拉回自己的身边。的确，女人多半会有那么点心软的毛病，尤其是在自己深爱的人面前，更是如此。但如果你真觉得自己可以利用这

一点将其牢牢掌握在股掌之中的话可就大错特错了。

　　真正聪明的女人，在知道自己受到感情欺骗的时候，都不会打草惊蛇。相反她们和往常并不会有什么明显的差别。她们虽然会像往常一样，微笑着听你在那里口若悬河，滔滔不绝。但心其实早已就不在你这里，这时候的她们其实早已在自己的目标上发生了转移，之所以没有一点可查觉得迹象，或许是出于某种带有嘲弄韵味的报复。她们往往会采取不作为的态度，安安静静地做一个观众，时不时地迎合你叫声好，表面上看似乎自己没有想离开的意思，但事实上早已做好了曲终人散各回各家的准备。从善意的角度来说，她们这样友善的对待这个男人不过是一种回光返照，给自己一个正式跟他说再见时的感情过渡期，当自己真正地明白他的为人，也知道他始终没跟自己说什么真话，而自己确实已经看淡了这一切，就会间接地将这一切全盘托出，随后将自己与其隔绝开来，从此彻底淡出他的视线范围。

　　对于懂女人的男人来说，女人最可怕的现象，就是没有任何迹象。她那双眼睛总是让人浮想联翩，很多事情她好像知道，又好像一点都不知道。总而言之，你说什么她都会津津有味地去听，时不时地还会迎合你说一些可有可无的话。因此，不管什么时候，都不要低估了女人的智慧，不管她知道还是不知道，心中有鬼的总是要比内心坦然的忐忑许多。

第三章　别以为女人不精明——女人常常装傻，但绝对不是真傻

她们会用心挑选手中的每一只"股票"

作为男人你有没有这样的感叹，如今这个世道想达到女人的标准实在太难，即便是有人勉强跟自己相处一下还那么难对付。莫名其妙的会对你提出无数稀奇古怪的问题，只要自己有一个问题每答对肯定就会濒临感情告吹的危险。这种想法不仅存在于一些人为自己条件不尽如人意的人身上，就连众人公认的钻石王老五一样的男生也同样会面临这样的困惑。有时候小哥们聚在一起，谈到女人这个话题不禁失落难耐，常常互相调侃抱怨，真的不知道现在的女人都怎么了？到底想要干什么？每天看看这个，有瞅瞅那个，看男人怎么跟挑衣服一样，逛着接来回徘徊于各色店面，一会儿说颜色不对劲，一会儿又说穿着不合体，一会儿又说材质不舒服，总而言之总是看着她在逛，却少有几个能真正把衣服买回家，就算真的买回了家也真的不安全。必定现在商场都接受退货，自己看着不爽了一看期限没到还给退了，就算不退哪天看着不舒服了，或者不喜欢了还给自行处理了，真不知道自己什么时候自己才能成为她们的经典款。

不错，不管是男人选女人，还是女人选男人，都必将经历一个艰辛的过程。面对感情这件事情，就算再当儿戏的人也必然会有认真面对的一天，除非她自己看破红尘，把独身主义当成自己的梦想，否则必然会在自己认为适时的时候选择一个适合自己的男人。其实，女人比男人更明白婚姻的重要性，之所以那么迟疑，不愿意轻易做出决定，主要原因在于她们认为选择一个男人往往就以为着选择了一种生活。

找对一个男人，可以幸福一辈子，而找错了男人必然就注定了一个悲惨的结局。

兰兰是一个很漂亮的女孩儿，打毕业以后不管是朋友介绍还是自己相识，追逐她的男人真的可以说是不计其数。其间不乏各种各样条件优秀，又对她疼爱有加的男孩儿，但每一次她见了几面就会婉言回绝别人，这让她的朋友都大惑不解，不知道她到底要找一个什么样的，她的标准似乎就像一个谜团一样，让人觉得难以捉摸。一次好友王晓请她吃饭，俩人闲聊就聊到了选择男人的话题上，出于好友的连续发问，兰兰才真正道出了自己对这件事情的真实看法。

"我真的不是好高骛远的人，只是觉得选人一定要选合适。试想一下我们这些瓷器之间虽然是无话不说亲密无间，但时间长了也会有彼此挑剔的时候。好在大家虽然关系好，却没有天天待在一起，即便是有不快也会自己调试一下，可老公就不行了。他这辈子都会跟你在一起，而且你天天都会跟他见面，每一天都要跟他相处在一起。假如这个人是一个你根本没有感觉的人，必然一辈子的时光都会成为一种煎熬。所以我觉得，最带这件事情一定要理智，如果觉得不可能就一定要提前说出来，万万不能将就着来的。"

"那你究竟对男人有什么标准，这么多男人就没有一个合适的吗？"王晓紧紧地追问道。

"在我看来，选男人可比找工作难多了。工作找到了，受不了了可以辞职，但是结婚了你怎么跟老公辞职？在我看来，豪门不是我的梦想，也不是我的命。即便真有这个机会，我也不会去，原因在于家业越大规

第三章　别以为女人不精明——女人常常装傻，但绝对不是真傻

矩越多，很多想做的事情都会受到限制，那是件相当痛苦的事情。我也不希望他是什么有名的人，因为有名的人每天都认盯着，最后自己紧张得连出去买个菜都不敢了，这样活着有什么意义？我也不想找个博士级别的老学究，因为我真的没有那个思想境界，时间长了也没有什么可聊的。我就这么一普普通通的人，从小也没受那么多知识分子家庭的熏陶，今后他看不惯的事情肯定挺多。但从某种角度来说，我有难以把自己划分到没有一点文化素质的人堆里，倘若我随手说了一个这是李清照的诗词，他进阶着问我她是不是我同学，那我觉得跟他真的跟他交流都成问题。其实在我的心里，早已经有了一个模糊的标准，至少他跟我在各方面是相当的，或者说我们应该是同一类人，对大部分问题上都能有类似的想法，只有这样两个人在一次才能合拍，时间长了也不会觉得百无聊赖，必定下半辈子的时间是漫长的。有些人让我跟他待一个星期还受得了，要是非让我跟他待一辈子，还形影不离对我来说就相当于慢性自杀。我真的难以想象两个谁看谁都别扭，而且还没有什么可聊的两个人，要在一个屋檐下待一辈子将会是一个什么情况。也许有人觉得这样也没什么不好，至少在我的观念里，这样是难以忍受的。人这辈子只有一回，我也没奢求自己还有下辈子，所以要找就找一个这辈子看着不会烦的，他不用太高，也不要太低，刚刚我自己够得着就好，两个人有说不完的话题，想玩儿也能搭个伴，不要我说向往东，他始终觉得自己毕生理想在西边就对了……"

的确，婚姻对于很多人来说，是为了找到一个能够跟自己一起携手走完下半辈子的伴侣。按照女人的想法，世界上有那么多男人，但只要

不出意外的话，真正能跟自己走到最后一站的肯定只有一个人，这究竟是一个多大点的概率呢？说是缘分也好，说是出于爱的渴望也好，总而言之两个人能真正走到一块儿肯定不是一件简单的事情。试想一下，每天有那么多男人跟她擦身而过，说过话，吃过饭，有过交际，甚至有的人还跟她谈过恋爱，其间也不乏一些优秀的人，怎么最终就是你跟她走到一起了呢？在庆幸这一概率的同时，应该说着并非是一种百分之百的偶然，尽管两个人相遇是一种机缘，但走到一起是出于两者之间的选择。不管男人是怎样考虑，至少对女人来说面对自己一辈子的事情还是相当上心的。假如说每个男人都是社会人群中的极富有个性的股票，那么女人选择你必然是在全盘考虑了她所看到每一只股票以后，才做出了选择你的决定的。

正所谓大千世界，人心千奇百怪，不同的女人选择男人的标准都是不一样的，这跟女人的眼光有着相当大的关系。这其实并不难理解，因为作为男人在选择女人的时候，必然也会经过一个相当全面的考虑，或许在男人的一生中也会经历无数个女人，但并不意味着这些女人都能跟自己走的很久，之所以最终会选择她安定下来，不愿意再随便动地方，必然也有想跟她永远在一起的原因。或许很多男人认为，有钱或者有钱途，才会赢得女人的注意，但事实上未必如此。这里不能说那些女人是故意摆出怎样清高的作态，主要原因还是在于在她们脑海中的那个男人并不是那个样子的。因此只要她们对你的感觉不对，不管你再怎么死缠烂打，也必然是徒劳无果无济于事。

因此对待选择这件事情，不论是男人还是女人最好还是保持一颗平常心，对于自己心仪的对象，我们必须认真面对，但假如最终真的不能

第三章　别以为女人不精明——女人常常装傻，但绝对不是真傻

到一起，也要保持内心坦然。正所谓："得之我幸，失之我命。"假如自己真的是她眼前的一只股票，就努力做到自己的最好，至于选择权利还是交由对方自己把控吧。只要她是在自己相当谨慎认真的情况下做出的这个选择，不管是不是你，都应该内心坦然。至少彼此是认真对待的，大家都是好人。

观细节的她，早就摸清你的脉了

上帝制造出男人和女人，让他们同时生活在这个世界上，必然是有所分工的。这从他们的思维模式上就可以看出绝对性的差别。男人专注于到方向是不是正确，而女人却常常更专注于细节。这就好比两个人一起生活，如果说家里冰箱坏了，男人才会想到现在有必要花钱买一个更好一点的了，但倘若要买的东西不是大件，一般对方是想不起来要掏银子去花的。而女人可以说最喜欢去买那些零零碎碎的东西，她们总是注重细节上的完美。如果说男人画了一个圈，那圈里面的东西百分之八十都是女人给整出来的。由此看来，女人生性对细节这件事情是相当敏感的。

或许对于很多男人来说，注重细节的女生是很可爱的，因为她们很善于搭理家事，可以让自己活得比较轻松。但在最早的时候，这样的女人却是让每一个男人胆战心惊的。因为她们真的是一个可以参透细节的

高手，即便自己再会掩饰，时间长了也逃不出她们的眼睛。尽管她们脑袋不算聪明，而且还不太会表达，但是那双眼睛实在是太好用，以至于与她见上几次，不管自己使出浑身解数装地再好，她还是能从中看出破绽，从而在一瞬间把你这个人的性格，心理，想法，乃至下一步有可能要做的事情摸得一清二楚。她们会通过细节的观察准确地判断出你是不是自己需要的人，从而迅速地做出自己认为正确的选择。

果果大学毕业后，参加公务员考试，幸运地成了国家的一名公务人员，这个时候家人考虑到工作已经稳定，再加上年龄也到了谈对象结婚的年龄，于是就拜托亲戚朋友们，给他张罗找个对象，赶快解决一下个人问题。

就这样，果果开始了相亲的生活，第一次相亲时，她见到的对象是一个比自己大三岁的男孩儿，远远看这个男孩儿长得很帅，有一双大大的眼睛的，于是很有好感，于是两个人便开始保持长时间的联系，发展的也还算顺利。可经过一段时间以后，每当谈到结婚之后的生活，果果却发现这个男儿的眼睛里一脸迷茫，一句话不说地那么看着自己仿佛心里从来没有什么过多的计划，再问的多点就干脆不耐烦了。尽管男孩儿对结婚后的生活总是没有透露太多，却很着急赶快把事情定下来，可果果觉得，结婚不是儿戏，要嫁人起码也得让对方说出个一二三来才成。可男孩儿最后的回答让他很失望："其实想那么多干吗，走一步看一步呗，总之别活得太累怎么着都行。"

这件事情之后，果果内心非常纠结，当她重新审视男孩儿脸上的那双眼睛，却发现他的眼神里没有坚定，也没有一点睿智的感觉，仿

第三章　别以为女人不精明——女人常常装傻，但绝对不是真傻

佛对什么都是一知半解。回想整个交往过程，每一次到关键性的问题时，他的眼睛就会六神无主，恨不得躲到自己身后面让她去解决。于是她断定这个男人并不适合自己，他也必将承担不起家庭的责任，反倒是自己以后会很辛苦。必定一个没有主见的男人，是不会女人什么安全感的。想到这些以后，果果最终做出了自己理智的决定与男孩儿和平分手。

在一个聪明女人看来，一个男人是什么样的男人？从那些方面考察他？从什么地方了解他？其实都不是多么复杂的事情，即便是再复杂也没有女人自己复杂。她们可以从对方的经历、职业、家庭、学问、朋友、爱好、口碑，以及对待问题的处理态度上逐一分析，不出几个小时就能可以对其整体情况有一个大致的了解了。从某种角度来说男人的一言一行，一举一动，一颦一笑都是她们考量一个男人的第一手资料，我们都说好酒是禁得起慢慢品味的，如果男人是酒，那么女人就是最一流的品酒师，他的质地是浓是淡，纯度究竟是多少，只要经过她们的审视，便可依依断定出来去慢慢品味出来，尽管很多时候她们自己不说什么，但却对你整个人的大概情况摸了一个八九不离十了。

由此看来，除非这个男人本身在细节上没有什么纰漏，也没有什么对方真的接受不了的问题，否则就是再会伪装也必定逃不出她们的长时间的观察。曾经有一个女人说："男人可以把假话当成真话去说，可以把自己不想做的事情，装得像是自己心甘情愿去做的一样。但这一切之所以能够顺利地实施，是因为它维系的时间不长，所以一时之间别人看不出有什么不对。但事实证明这件事情做完以后，他们就会轻松的长嘘

一口气，觉得一切都已经顺利的蒙混过关了。可事实是这一切都会因为他之后的疏忽大意而使前功尽弃。这个世界上没有谁能真的有本事让自己说出的假话永永远远都那么真实，假如真的有这样的事情，那他说的话一定是真的。"

　　的确，女人虽然生性柔弱，却也有着自己的过人之处，这使得她们在与男人的相互制衡中发挥了相当重要的作用。总而言之，上帝在造人的时候，似乎就已经又遇见性的给男人和女人都设置了不同的弱点，让他们再彼此博弈和交融中保持着一种和谐。我们没有必要因为这件事情而心怀恐惧，相反应该将这一切看成是一种庆幸。试想假如这个女人不在乎你，又怎么会下这么大成本关注你的细节问题呢？假如她跟自己一样是一个粗线条的人，你是会对她产生一种爱慕，还是一种铁哥们的情节呢？作为一个好男人来说，既然脉长在自己身上，就让她去摸好了，适度的暴露自己内心的一部分没有什么不好，说不定在她进行反复推敲之后，会发现原来你就是她一直要找的那个人，并且对你从此忠心耿耿一见倾心呢？

不问，未必不知道你在想什么

　　男人都喜欢不多事的女人，认为那样的女人识大体，宽容大度，甚至有些男人还会觉得，这样的女人是很好糊弄的。但真的是这样吗？女

第三章 别以为女人不精明——女人常常装傻，但绝对不是真傻

人的心性有千万种，有些时候反倒觉得那些爱发问，喜欢表达的女人很好把握和了解，不用想太多你就可以知道对方的那点心思了。但也有这么一种女人，每天都在对你微笑，貌似谦和懂礼数，却很少对你提出什么问题，更不会过多地去谈及你曾经的感情恋爱史，这对很多男人来说绝对是个好奇的地方，她真的不想再好好了解一下我的为人么？如果她不问，她怎么会知道我怎么想的呢？

聪明女人之所以聪明就在于自己从来不过多地对男人提问题，从表面上她们似乎也没有去着那些答案的意思。但不知道为什么，就是这样的一个女人，假如你问她自己是个什么样的人，主动地去暴露自己的一些想法的时候，她似乎也没有觉得有什么大惊小怪，似乎这些事情早就在自己意料之中一般。很多男人觉得，这样的女人总是让自己摸不着底，究竟是一种神秘感，还是出于内心的防御过当。总而言之，她们不会轻易地表现出已经早就知道这些事情的做派，也不会轻易地去揭露男人当下的想法，但却总保持这么一份让人有些紧张的淡定。她为什么这么踏实？她究竟还知道什么？男人的心总是在因为这个女人纠结，尽管她好像什么都没干，却足足可以说一句话，让对方琢磨一个星期。

美国社会学家格雷尔指出："人们通常可以通过两个途径了解一个人，一个途径是所谓的路遥知马力，在长期交往中了解对方为人；另一个途径是，从一些简单的非语言性的迹象中看穿他。通过解读他的行为方式，就可以十拿九稳地确知他的本性。"既然定义都是这么下的，女人也未必有什么神通广大的本事能出了这个圈儿。也许很多女人对于处理很多别的事情上并不是特别利落，但她们往往对于男人的心思

有着一种很高超的悟性。之所以不愿意表达出来，往往是出于多方面的考虑。

1. 知道男人不希望别人把自己看透。不管是男人还是女人，尽管自己有着一个把别人看透的悟性，但绝对不希望别人具备能把自己看透的能力。一旦自己被别人彻头彻尾的吃透了，首先在心理上会很失落，其次会有一种极其强烈的不安全感。必定，自己还没有做，别人就已经知道你要干什么并不是什么好事儿。当年三国里面的杨修就是这么个人，结果还不是被曹操灭了。女人一般都不会那么傻，即便知道了也会装的糊里糊涂的样子，以此来衬托男人的英明，以免让对方觉得自己早就知道了，随之与自己产生隔阂，最终两个人的感情就会越来越疏远了。

2. 略知一二就好不想知道太全面。有些女人觉得既然这个男人是自己可以选择的对象，适度的试探试探他，了解了解，只要知道一个大概其，知道他是不是真的跟自己对路，有没有自己难以忍受的毛病就可以了。对于他以前的事情，能够用悟性猜出个百分之30就可以了。女人会在觉得自己已经了解差不多的时候决定放手，因为她们知道了解的太多，会影响到自己和这个男人继续交往下去的矜持。不得不承认人从稚嫩走向成熟，谁都是有那么点故事的，一定要知道他之前的感情历史，现在有没有跟前任女友有什么联系，或为了以前的事情耿耿于怀真的没有什么必要。因为她们也明白，就算自己再跟对方的以前较劲，也不可能发明和时光机器，让他回到以前去把那些事情处理了。

过去只能说一种参考，聪明的女人了解完以后还会回归现在这在自

第三章 别以为女人不精明——女人常常装傻，但绝对不是真傻

己面前的这男人是不是真的适合自己，人品有没有问题，观点上是不是能跟自己大概一致，有没有自控能力，有没有自己难以承受的毛病就可以了。尽管自己有这个能力把对方搞的一清二楚，自己却成心不愿意这么做，因为知道得太多，感情就会越少。曾经有一个女人还打趣地说："我现在其实还挺感激他之前的那些女人的，使她们一步步地教化才把他改造成现在我最喜欢的样子。感谢她们的自我牺牲精神，也感谢她们关键时刻的放手。不管怎么说，这男人最终走到了我这里，希望与我安定下来。我没跟别人争也跟别人抢，而且他似乎也什么都明白也不用我自己再花什么心思折腾，只是自己安静下来和他一起共度美好时光就成了。"

3. 最大限度地维护男人的尊严。女人知道不管什么时候男人的面子都是很重要的，让若自己总是在他想卖关子的时候直接去揭开谜底，他必然会觉得很失落。有些时候，他们看到男人渴望表现的欲望，即便是自己已经知道的事情，也会摆出一副好奇的样子惊讶地对他说："不会吧！真的吗？"其实，这样做的主要原因还是希望安安心心做个配角，让男人在那里滔滔不绝地对他说出自己兴奋的事情。聪明的女人绝对不会在男人表达见解的时候，接过话茬说："哦，其实我早就知道……"因为她们这样一来，男人心里的兴奋会必然凉了半截，以后什么事情都不愿意再跟自己聊了。因此，很多明智的女人会帮着男人把这台戏唱完，看到对方开心，自己也感觉挺好。

女人来到这个世界上，多半时间都是在制造神秘感，不知道什么时候开始，有那么不在少数的女人开始用智慧的悟性充实自己的大脑。她们永远都是那么平和安静，心绪宛如湖镜，风平浪静没有什么波澜。或

许她们每天有很多话题跟别人聊，却从来不过多的问及你的任何事情，因为在她们心里，早已经大概知道你是什么样的人。即便不问，也未必对你想什么一无所知。

第四章
别总觉女人很诚实
——她们的谎言,往往演绎得很真实

给你考虑时间，也给自己找后路的时间

有人说女人是一只温柔的猫，迷人而现实，老人们谣传"猫有九条命"，这显然是不真实的，但从这一点来看，猫必然是一位聪明的智者，不管什么时候都会给自己留足了后路。女人天生不是靠体力成就未来的主，如果说人生真的能鹰眼条条大路通罗马这条真理，那女人必然是依仗自己的智商才不言不语的瞒着男人开创了这么多通向罗马的道道。

在女人看来，不管最终自己会和什么样的男人走到一起，她们想要的只有一件东西，那就是她们意识里认为的"幸福"。在婚姻关系成立以前，不管是男人还是女人都必然在这一期间遇到各种各样的异性，经历一个相当理性的选择过程。这个过程看起来很正常，却随时可能发生变故，例如两个人本来开始走得很好，却中途出现了不可预见性的问题，关系突然一下就陷入了危机状态。在这一时刻，男人抵抗压力的能力往往是要比女人强很多的，面对突然的变故，他们往往会显得更加淡定。而这时候的女人因为没有思想准备，尚且不知道自己是应该前进还是后退，所以往往会使用一招缓兵之计，告诉对方："与其脑子都很乱，不

第四章 别总觉女人很诚实——她们的谎言，往往演绎得很真实

如让大家的心都静一静，多给彼此一些考虑的时间。"而事实上，此时的她早已经做好了两手准备，假如转危为安她会继续待在对方的身边，假如不能，自己就在这一阶段尽快寻觅后备力量。这样做的原因无非是两条：第一，可以在彻底告吹的时候，有效避免自己的内心受到更大的刺激。第二，如果对方真的很快了别人，自己至少也不会因为落单而跌份。尽管这种行为是貌似有点理智沦丧，但不在少数的女人在关键时刻都会做出这样的举动。

除此之外，还有一种女人会因为另外一种原因让对方回去好好考虑考虑。这种女人往往不是什么单纯的小女生，心里多半有着自己的小九九。当她们看到了自己心仪的男人，但发现他已经名花有主或是正在对另外一位发起热烈追逐的时候，内心就会充满强烈的掠夺欲望。从心理上讲，她们真的很想把对方拉到自己这边，让自己成为他身边的那个女人。倘若真的仅仅出于这个初衷到也还好，必定谁对谁产生了爱慕都是没有罪过的，别人接受不接受是另一回事，自己爱还是不爱又是另外一回事。关键是其间很多女人是以抢夺他人所爱之物为乐的。在她们心里，对方往往最终会沦落成自己的战利品，她们享受的整争夺的过程，但对于争夺来的结果未必就真的那么珍惜。

因为并不是特别在乎，因此也就不会那么死心塌地，她们在争夺这个男人的时候，会使出自己的浑身解数，对代价问题也是不遗余力，主要目标就是要最大限度地博得对方的好感，从而彻底打败隔在这个男人后面的那个女人。然而即便是自己对对方很下本钱，自己心里还不是非常有把握能够取得最终的胜利。为了不至于让自己的感情落空，她们往往会在对对方百般示好以后，坦白自己的爱慕。那时候她们的话可以说

是非常感动人的,她们会让男人觉得自己并不是贪图他的任何东西,而是仅仅出于直觉的眷恋,因为看到他很辛苦而心疼,她可以什么都不要,甚至于名分,只希望对方能给自己一个机会,能让自己每天都能和他待上一会儿就很知足了。假如这时候,男人仍然没有表明态度,她也不会就这样轻易罢手,为了能给自己一个台阶下,继续和对方保持联系,她们往往会说出类似:"这事不急,我知道你是个负责任的男人,如果不是这样我也不会看上你,我会等你消息,不管多久我都会给你足够的考虑时间……"

说句实话,男人最受不了的就是女人的温柔,尤其当一个女人放下身价和脸面在他对面苦苦哀求的时候。即便自己当时真的对她没什么感情,也必然会对她的这一席话感动不已。假如这个时候,男人正在经历情感上的挫败失落感的时候,假如真的有这么一个女人对他说了这样的话,往往也是很难把持好原初的方向。这样的女人总是会摆出一个万事俱备只欠东风的架势,每天眼睛就盯着对方什么时候上钩。但只要对方没有百分之百的表态准备跟自己发生什么,自己就必须为自己找好后路。必定女人青春不等人,对于感情能抢过来的话都再好好地考察一番,更不要说抢不过来了。所以对于她们来说,不管这个她们下了很大功夫的人过来还是不过来,她们都不会在感情上亏了自己。

对于很多女人来说,不管自己是不是真的已经开始一段感情,适时地培养几个后备资源是很正常的时候。在这段时间里,她会声称那些男人是自己最知心的朋友,最难得的知己,甚至说是自己与他们的关系比男朋友的关系还要坦诚亲密。一旦大前方发生了什么变故,她们就会很快的调配后续资源。必定在女人的世界里,没有男人也能活的主儿屈指

第四章　别总觉女人很诚实——她们的谎言，往往演绎得很真实

可数，没了男人不知道自己要干吗的人大有人在。由于很早就有了恋爱经历，很多女人早已经习惯了不断什么时候身边都得有个男人陪着，即便这个男人并不一定是自己喜欢的，也不一定是最适合自己的。总而言之，只要在自己需要的时候，必须有男人出现，单从这一点而言，对于男人她们还是美丽得让人肝儿颤的。

　　对于一些女人来说，看见自己喜欢的男人她们会很殷勤，但在给他们考虑时间的时候，面对别人的示好她们也并不排斥。按她们的话说："那不过是在等待中，找个人一起消遣，说不定就是一条后路。"对此我们不必妄加评论，正所谓选择还是自己的事情，只要我们自己有一双火眼金睛，就必然可以识破她们的意图，绕过成为她们战利品的风险，找到一条真正正确的感情路。

说囊中羞涩的女人，未必就是穷人

　　不知道从什么时候起，男人女人一起约会，吃饭看电影男人主动买单成为一件约定俗成的事情。很多男人觉得，即便是女人要掏钱，自己也不会让她们花，否则自己会觉得有失作为男人的尊严。即便是如此，大多数男人在选择女人还是对她们的收入还有抠门程度很好奇。她们会时不时扫一眼对方的钱包，里面到底装着几张钞票，顺便再大量一下她们钱包的材质和品牌，以此来推断对方的经济条件究竟是一个什么

状况。

  按常理来看，女人在谈恋爱的时候往往会尽可能地把自己打扮得花枝招展一些，只要能穿好的就绝对不会穿次的去见你。但也有这么一类女人，她们的脸上很少能看见什么动人的妆容，衣服虽然干净，但绝对不是一天一换，头发上的装饰物寥寥无几。假如她们想买一件东西，能够跑遍四九城里所有的商场才会下定决心去买一件最便宜的。她们平时不怎么出门，朋友聚会也很少会出现她们的身影。即便是在男朋友面前她们也常常暴露自己钱包里有限的那点毛儿八分，对于吃饭也相对比较低调。她们不会让对方觉得跟自己在一起很不舒服，但却能够让对方意识到自己不是什么阔气的主儿。

  起初相遇的时候，很多男人都会觉得这位总是囊中羞涩的主儿很奇怪，她们很少会给自己买礼物，也很少要求对方给自己送礼物。她们天天都在给你哭穷，而你也确实看到她们经常钱包空空如也，仿佛是经济上的苦难户。但只要经过细致观察，男人就会开始好奇，明明自己跟她在一起的时间越来越多，除了跟自己在一块儿她也无非就是在家里闷着，究竟这些钱都哪儿去了？莫非她的钱真的就会长翅膀，只要一发工资，不用花自己就能自己飞走？于是一些男人开始猜测，这个女孩儿是不是家庭很困难，又对自己难以启齿呢？会不会她遇到了什么难处，又不好意思告诉自己呢？总而言之，女人越是如此，男人越是会产生一股子怜香惜玉的柔情，能多照顾她就绝对当仁不让，尽可能地在自己这里让她少收点委屈。当然这里说的必然是好男人的典范。除此之外，还有一种男人与之对比就成了反面典型，由于他们自己渴望找到一个不用自己花费太高的对象，或是觉得时间过得长一些后，就应该尽可能地从对

第四章　别总觉女人很诚实——她们的谎言，往往演绎得很真实

方身上把自己早先投入的那部分找吧回来，这样心里才会平衡一些。一旦看到这个女人总是钱包空空，一毛不拔，心里就开始嘀咕，她要真的是一穷二白，家里面真有什么严重的问题，以后真的结成正果日子可就难过了。长此以往，自己必然会很辛苦，因此为了自己今后的利益，避免知道了以后还要付起本来没有必要付的责任，自己还是三十六计走为上策，今早的为知己做好打算。

其实，这样的女人往往是相当精明的。虽然她们时常抱怨自己囊中羞涩，不愿意参与过多的聚会和活动，不愿意去买过于昂贵的装饰，但也并不意味着她真的就是名副其实的穷人。在这个世界上，有很多女人外表光鲜，实然却是一穷二白，彻彻底底的月光女神。她们秉持着享受至上，越花越有的"崇高"金钱意识，即便自己拿着一个3000多块钱的中等收入，也敢信用卡一刷买下一个上万块钱的包。曾经就有有关电视台报道过类似的例子，一些女人外表光鲜，一堆的名牌奢侈品曾经让别人何等的羡慕嫉妒恨，但最终却因为几张信用卡被轮流套现，套除了一个自己难以承受的惊人数字，最终由于自己资不抵债，一些女人被请进了牢房，有人因为压力过大而痛不欲生，最终选择走上绝路，还有一种人不但赔上了自己，还把自己的亲戚、闺蜜甚至男朋友全部赔了进去，以至于自己都不知道能藏到哪里。最终为了尽快地还上债务，有些女人还走上了卖淫和倒卖毒品的交易，细细想来不管这三类女人中的哪一种恰巧是自己的女朋友，那必然会陷入极为尴尬的纠结。

从这一角度上看，这类抠门到几点的清汤挂面女到也未尝不是正确的选择。她们从来就没给自己准备什么信用卡，也就没有什么机会让自

己被套现。天天抠了吧唧，但是总有一个账户里的钱在与日俱增，她们并没有像男人想象中的那样家庭困难，苦难到只要一发工资，钱就长翅膀飞走了，自己值得节衣缩食。之所以要在男人面前把自己搞成这个样子，往往是出于多方面的考虑。

1. 自我保护。如今的世道，人心隔肚皮。不能说女人面对的男人都不是好人，但大环境却总是让人摸不着头脑。对于一些防备心很强的女人来说，自己越是条件好，就越要装了穷酸一点，以免让男人第一面觉得自己有钱而动了歪心眼儿。必定自己并不聪明，与其让其过早的知道后，不断地与之斗智斗勇，不如从一开始就把源头之水堵死。反正打死我也不说，我不说你也就不知道，两人互不相欠地过一段时间考察考察再说吧。

2. 考察真心。有些女人心里也有着很多顾虑，担心自己因为暴露而选男人看走了眼。必定有些男人确实是见钱眼开的。看见女人条件好就会相当殷勤，由于本身就是情场高手，只要有了目标一时半会儿是难以让她看出什么破绽的，就这么懵懵懂懂地上了钩，说不定下半辈子就挂在对方手里了。相反，假如对方在自己的意识里，一致认为她是个穷人，而且对待她的这种抠门举动采取了一种包容疼爱的关怀，那么相比之下，女人会觉得对方是发自与真心地喜欢自己，这无非也是考验对方的一个手段。

3. 鼓励彼此拼搏意识。一般会哭穷的女人都是相当聪明的，她们常常会给男人一种，你要跟我在一起，未来的生活可能会相当艰辛，因为我一穷二白，所以你必须想办法赚钱养着我。一般来说不在少数的好男人看到她可人的模样，再看看她虽然抠门但不爱占人便宜的左派，往

第四章　别总觉女人很诚实——她们的谎言，往往演绎得很真实

往都会在心里做好这个准备。必定接受一个女人也要给她带来点幸福感，所以会更用心地去奋斗，因为觉得未来两个人可能什么都没有，一切都要靠自己。尽管这有时不过是一种假象，女人却潜移默化的灌输给了男人一种破釜沉舟非生既灭的思想。或许在她们看来，假如有个男人愿意为了给自己带来幸福而不懈努力，自己就必然要倾尽所有将这种幸福翻倍式地延续下去。当她真正准备掀开自己的神秘面纱时，最大的愿望就是给对方一个惊喜。

总而言之，世界就是这么神奇，看上去富有的人，未必真的富有，看上去抠门要命的人，也未必就是穷人。关键在于你的眼睛是不是真的管用，能不能从众多的女人堆中把那最心仪的一个挑出来。她也许掩藏的很深，也会让你觉得找起来很费劲，但正是因为费劲，所以找到了才会格外珍惜自己的劳动成果。

别相信她那句"尊重你的选择"

常常听见女人嘴里会跑出这么一句怪异的话："我尊重你的选择。"这句话说出来的时候，作为男人的你绝对是非常感动的，原来自己身边这个爱耍小姐脾气的主儿还能有这么大度的胸襟。倘若这时候，身边还跟着那么几个朋友，必然会对你报以羡慕的眼神，觉得你御妇有道，什么时候把媳妇教育的那么服服帖帖，明明以前闹了哄哄的一人，什么时

候变得这么乖了呢？

　　话虽如此，女人的话也说出来了，自然不会阻止你去那么做，最起码就这件事情来说即便是一百八十个不愿意，也会耐下性子装出一个好榜样。可这时候的千万不要觉得事情就这么算了，必定有些时候女人的话可听得，但未必真能信得。要知道她们事后翻旧账的本事绝对是一等一的高明。倘若你真的没依着她们的心思做，那之后免不了要经历一番痛苦地纠结。

　　一般来说，女人对于很多事情的情绪发作是有些迟缓的。或许在起初的一段时间，她们不过是心里有点不舒服，但时间长了，尊重你的选择尊重多了，爆发起来也可以说是惊天动地。这时候男人会很不理解，如果当初不同意直接说不就成了？当时已经问你了，你说尊重我的选择，结果我真办了又开始不依不饶，究竟是什么情况呢？没错，女人就是这么难以理解，倘若真的让你好理解，那就不是女人了。她们往往很感性，总是希望男人能听明白她们话里面的言外之意，她们常常遵循着心有灵犀的期待，觉得男人没明白自己在想什么就是不在乎自己。可事实上，男人对这一方面真的没有那么高的悟性，除非是真正的情场高手，否则真的没有那个闲心好好地研究一下女人。所以每次做的都不到位，她们所谓的言外之意可以说压根儿就没琢磨出来，因此就总是会犯下一些自找挨拍的事情。看着女人一会儿怒气冲天，一会儿咄咄逼人，一会儿又哗啦啦地掉眼泪，自己开始不知所措，甚至还处于半迷糊的状态，根本不知道怎么回事，这时候才意识到原来都是那句"尊重你的选择"惹的麻烦。从此以后听见这句话就肝儿颤得要命，生怕回家又要上演媳妇大闹天宫的闹剧。

第四章 别总觉女人很诚实——她们的谎言，往往演绎得很真实

其实，在女人那句"尊重你的选择"之下的选择才是真正最难的选择。向东就不能向西，向左就无法向右。有时候她是真的尊重你，有时候她真的未必是想让你那么做。总而言之，只要这时候自己犯了脑袋不跟进的错误，就直接等着秋后算账好了。轻度者，会想起来就在一边上絮絮叨叨，没完没了的埋怨你的不是，一件事说完了还不算完，一定是恨不得把你上辈子干的那点缺德事儿都从头到尾都论述一遍心里才舒服。而且更悲催的是，这时候你还不能不听完，倘若有半点不耐烦对方马上就会升级为中度阶段，此时的她已经渐渐丧失理智，怒气犹如火山爆发一般喷涌而上，除了要把你的过错夸大化以外，还得夹杂着一些叮咣五四，锅碗瓢盆的非和谐旋律，倘若这时候她再来一个声嘶力竭，河东狮吼般的哭嚎，那整体效果就堪称"完美"了。倘若这时候，你仍然临危不惧，不赶快承认错误还大男子主义般地摔门而出，那也就真的要上升到其折腾的高级阶段。这时候的她会拨通手机上每一个你认识人的号码，然后依依把你的不是讲述一番。不超过一个小时，你的接听就要经历一番狂轰滥炸式的轰炸，不管是父母、兄弟、朋友、同事、领导，批评的，劝架的，埋怨你闲得没事给他找事儿的，总而言之没有一个表扬你的，绝对能把你整得晕头转向，情绪也想打翻了五味瓶，不知道什么感觉了。

或许这时候，有些男人说，假如自己真的找了这么能折腾的一位，就算结了婚自己这辈子也发誓不在家待着了。可你真的就能那么幸运找到那么老实的一位么？只要我们留心听听路人们之间聊家常般地说道，看看电视节目里各种家庭纠纷的热闹，内心也就对那些可怕的后果有了一个大概的了解了。正所谓，情人眼里出西施，现在看着她能折腾，早

先选她的时候，你的脑袋里可未必是那么想的。据调查了解，大多数的男性，在起初选择恋爱对象的时候，都不会青睐默默无闻无欲无求的那一位，相反由于有脾气的女人性格活泼，脑袋聪明，也好交流，因此往往能在他们的眼中脱颖而出，成为他们最青睐的对象。

照理说，女人这么大的脾气，绝对不是一天半天养起来的。结婚前她那么耍一下，你会觉得是在乎自己，让你的心里不能没有她。尽管她来回嘚瑟会让你有些不知所措，但由于爱情胜过一切的想法，你还是觉得她这个样子蛮可爱的。可当两个人真的走到了婚姻这一步，经过一番狂轰滥炸的洗礼，你开始把她当初这种可爱的行为看成了无理取闹，没事儿找事儿。甚至有些男人还会觉得面对这样一个暴虐的女人，自己简直是被婚姻圈在一个牢笼里欲哭无泪，欲死不能，早知道这样还不如当初一个人过得了。

的确，我们不得不承认，男人天生就不具备女人渴望他拥有的悟性，即便是两个人待的时间再久，只要对方不明说，也难免会做一些触犯她警戒线的事情。其实这也没什么奇怪，女人天生就是不淡定的物种，每一个女人都有着她们不同的神经，只不过未必都神经在一个地方。但无论怎样，对于她们那句"尊重你的选择"还是尽可能地小心一点为佳，必定多一事不如少一事，没听明白就找个机会试探着多问两句，只要感觉不对劲至少心理上也有个思想准备，免得到时候撞了南墙还没明白究竟这堵墙是什么时候被她们砌起来的。

第四章　别总觉女人很诚实——她们的谎言，往往演绎得很真实

她安排了"真不知道会是这样子"

女人虽然很软弱，但脑袋绝对不笨。她们常常抱怨男人善伪装，总是用谎话利诱她们上当。但事实上她们要想干点缺德的事，也是会让你始料未及的。与男人不同的是，很多女人在安排了一系列缺德细节并将生米顺利的煮成熟饭以后，看着你那怒火一冒三丈的样子，便开始装出一副柔弱而不知所措的样子，带着无辜的哭腔解释道："你不要生气，我的初衷是好的，我真的不知道事情会是这个样子……"看着她那副可怜巴巴的样子，作为男人多少是要有些包容力的，反正事实已经如此，再怎么样也难以重新来过，又何苦要让别人觉得自己没有爱心，没有包容力呢。从古至今，男人犯错女人要絮叨一辈子，但女人犯错只要眼泪一掉，没几个男人还有那闲心再跟她争竞。因此这件事情也就会随着男人的宽容而很快过去，超不过三个月，她们就又可以洋洋洒洒，逍遥自在了。

自古以来女人不仅会挖坑给男人跳，对待自己的同类也是绝对不会心慈手软的。这里面武则天就是个相当好的例子。但凡是别人能得到的，自己一定要得到，就算别人得不到的，自己也要得到，如果自己真的得不到就必然会亲手将其毁于一旦，就算自己得不到也不会让别人得到。在这种意识的诱导下，这个历史上看成前无古人后无来者的女皇帝，掐死了自己还在摇篮里的女儿，将自己宫中的情敌一扫而光，不管是自己的儿子还是武氏家族的后裔，真正活下来的屈指可数。但不管在做完哪一件事情之后，她都会表现得满腹委屈，向人展现自己作为一个女人

的无奈和柔弱，甚至到死还给自己立了一块无字碑，宛如在对天底下所有的男人说："随你们说去吧！皇帝不是我相当的，人也不是我想杀的。总而言之，走到这步，我自己也真的不知道会是这个样子……"

尽管武则天的历史已经年代久远，但对于她那个时代的女人来讲思想已经是相当朝前了。随着时代的进步，女人越来越在乎自己的权利、地位以及对于自己倾慕之人的专属权，手段比武则天时代辛辣的还真就不在少数。相比于她们的前辈，当下的女人虽说没有武则天号令天下的权势，却有着相当先进的设备。这些先进的科学设备和相当专业的机构完全可以帮助她们有效的把握全局，以至于只要哪里有一点风吹草动绝对逃不出她们的视线。正所谓，没有想不到的，没有做不到的。对于理想我们可以有志者事竟成。但对于有些女人来说，即便是自己理想难以成为现实，看着别人好她也是受不了的。特别是对于感情这件事情，作为男人倘若你真的"有幸"贪上这么一位，必然这辈子是要因她而颇具周折的。

曾经看到过这样一个真实的案例：

小武本来是个本分的男人，从上学的时候就喜欢上了自己的妻子桃子，但由于当时自己各方面条件都不打算优秀，而桃子却是班里面班花级别的人物，因此始终因为自信缺失，而将心中的感情埋在心底。直到在职场做出了成绩，才鼓足勇气大胆言爱，历经数年终于梦想成真，让这个漂亮姑娘成了自己的妻子。

起初两个人过得还不错，然而让他没想到的是，桃子结婚以后似乎并没有进入婚姻的状态。由于性格活泼，她常常会和各种男男女女的

第四章 别总觉女人很诚实——她们的谎言，往往演绎得很真实

网友见面，每一次她都告诉小武自己在家无聊想多认识一些朋友。但每次看到桃子出去会网友小武心里就不是滋味。老婆漂亮得根本不像是个结了婚的女人，万一会来会去跟谁会出感情来怎么办？渐渐的他开始疑心，觉得桃子肯定在网上遇见了什么男人，怎么只喜欢在网上聊天不跟自己说话呢？终于有一次，两人大吵一架以后，小武有点心凉，觉得自己是桃子别无选择的选择，自己活得没有尊严。冷战长了，他觉得桃子对她感情淡漠，便报复性地在外面寻找别的感情归宿。恰巧单位的女同事刘颖还是单身，由于两人一起工作时不时地相互照应，刘颖渐渐对这个细心的男人心生爱慕。由于性格开朗，时不时地给小武讲些笑话，小武总觉得她和桃子有很多相同的地方，就这样他俩也就产生了微妙的感情纠葛。

正当这个时候，桃子主动向小武承认错误，承认自己以前耍小孩儿脾气，既然已经结婚就不应该再跟以前一样由着自己性去见陌生人，希望能够得到他的原谅。同时她还带给了小武一个好消息，她怀孕了。看到诊断证明书，曾经的过节似乎一下子烟消云散。此时的小武再也想不起什么刘颖，在他看来他还是很爱自己妻子的，而且现在又有了孩子，特别想跟桃子继续踏踏实实地过。于是，自己特别跟刘颖谈了一次，告诉她既然自己是个有家的人，还是要回归家庭的，更何况自己要对没出世的孩子负责任，以前的事情就到此为止吧。

本来这件事应该告一段落，可刘颖哪儿是那么好打发的。为了这件事她怎么都想不开，她不需要什么补偿，只想把小武的人抢过来。眼见想法难以实现，郁闷中她开始走了偏激路线，觉得假如桃子和孩子不在这个世界上，小武就必然会和她在一起。于是她辗转找到了桃子和小武

的家，以查电表的身份敲开了门，发现这时候除了桃子以外家里没有别人，便趁其不备抽出藏才衣服里的水果刀，对其连续扎了数十刀。桃子本来怀有身孕身体就活动不灵活，挣扎了一段时间以后便倒在了血泊中。事后刘颖收拾了现场，制造出这件事与她无关的假象，但不了桃子挣扎时抓伤了她的手臂，最终还是让公安机关查处了真想。面对这个事实，小武深受打击，他怎么也不相信这个曾经对自己那么好的女人竟然会做出这样的事情。事后，刘颖哭泣着祈求小武的原谅："小武，相信我，我起初只是想跟她谈谈，我真的没想到事情会这样……"但小武已经面无表情，对于他而言不管对方怎么解释，桃子和孩子都是回不来的了。

看了这个例子，相比很多男人都要惊出一身冷汗了。一句"真不知道会是这个样子"，必然是要让你付出惨痛的代价。我们不能说每个女人说出这句话以后都会跟刘颖一样，非得要整出点血案，但不得不承认很多时候的不知道必然是女人经过了一番精心安排后才谋划出来的结果。倘若她们够聪明，或许这个"不知道"的谎言可以延续一生，只要自己咬死不承认，男人就一辈子也不会知道。当然，假如不够幸运，纸里必然是包不住火的。在这件事情上，没有谁比女人自己更了解其中的危险系数，尽管做这件事情的时候自己也会顾虑重重，心惊胆战，但最终还是会有不在少数的人选择铤而走险，原因就在于她们的内心总是存续着些许侥幸。或许她们真的不知道事情的严重性，但不管怎样当她们的计划变为了现实，都必定是一个覆水难收的结局了。

第四章 别总觉女人很诚实——她们的谎言，往往演绎得很真实

"糟糕，我不会怎么办？"她真的不会吗？

男人有时候会调侃自己家的女人笨手笨脚什么都做不好，到最后只能是自己亲自出马才能摆平。尽管说话的时候貌似有些不满，可脸上总是带着那么一丝幸福的神情。事实上，按常理来说，女人的手脚麻利程度绝对要比男人好得多。之所以会出现这样一反常态的事情，往往是她们自己有意为之的。为什么呢？在她们看来，尽管自己会做，也做得很好，但没必要依依在男人面前表现出来。两个人在一起，必然是看谁某一件事情做得好，就会让谁没完没了地去做，倘若女人每一件事情都做得那么好，岂不是男人每天都可以什么都不用干了么？

思前想后，女人想到一招能够让男人无理由不分担的好办法。那就是适度装傻，自己不想做的事情干脆就说自己不会，这样一来男人就要在她们面前演练一番，本事想把她带回，无奈的是，这时候她会温存地对你说："啊，亲爱的，你做的太好了，我就好好学也赶不上你，以后我会努力学，但是在没学会之前还是由以这样具备专业能力的人才来摆平吧。"高帽子戴上以后，很多男人当时都会相当有面子，觉得受到了崇拜，但事后忽然觉得对味儿，怎么以后都成自己的事儿了呢？但当时自己已经对她打了包票说没问题，想推翻自己的承诺显然是要破费一番周折的。

男人到了家往往都是不太愿意干家务的，由于自觉工作辛苦劳苦功高，若以但分能偷懒不干的事情觉得是要推给女人的。尽管当下男主外，

女主内的整体模式已经在各种先进思想的冲击下被打破，但在男人的意识里，女人似乎天生就应该比自己顾家的。按理说女人比男人心细，正常分工下也的确应该如此。然而，当下的中国女人似乎正在面临着一种自我改革。对于很多人而言，假如自己不跟男人耍点小聪明，必然会把自己累趴下。职场上尽心尽力的工作，为了能够创造更丰厚的收入她们同样需要绞尽脑汁谋得更好的发展。可以说在职场之上，中国女人的工作压力与男人不相上下，甚至所承担下来的压力与她们自身的体能承受力是完全不成正比的。

尽管有些女人在结婚之后，会适当地调节自我，降低自己的工作任务量，但面对社会的现实，已经保持一般家庭的收支平衡，她们还是避免不了要承受不少工作的负累。然而当她们拖着同样疲惫的身体回到家，却又开始了紧张的家务劳动，这时候她们必须能够在路上想好回去吃什么，必须知道现在家里缺什么，什么地方要打扫，什么东西要清洗，以免回到家停滞下来耽误很多时间。倘若两个人还好，如果家中有小孩儿，多半缠着的就是当妈的女人，本来在家就忙叨叨，顺手还得照顾到孩子的心情，困得晕晕乎乎也必须给他讲故事，直至他睡着。这样一年，甚至两年女人可能都不会太说什么，但假如要是长此以往下去，由于休息时间不多，体力劳动脑力劳动都相当繁重，她们不论从情绪上还是肤质容貌上会出现相当严重的问题，倘若这时候身边的某位老人再病倒，那她肯定会觉得相当无助。

当下很多先知先觉的未婚女人对恋爱不排斥，但对于结婚却抱有着一种强烈的恐惧感，在她们看来结婚是一种牺牲。本来自己一个人可以过得很好，但结婚以后如果天天要承受这么多事情的纠结，却难以赢得

第四章 别总觉女人很诚实——她们的谎言，往往演绎得很真实

别人的理解一定是一件不划算的事情。必定谁也不想做费力不讨好的事情，累了半天全是理所应当心里肯定不平衡，换做男人其实也会有同样的感觉。

那么究竟有什么方法能够让自己尽可能的少干点呢？想强制男人干一些他们躲都躲不过来的家务必然是不现实的。尽管他们已经成熟，但却仍然存续着相当强烈的逆反心理。搞不好，你说东他就一定要到西边看看，你让他擦桌子，他非得借着倒垃圾的说辞出去溜达一圈。因此愤恨至于，女人才想到了以"糟糕，我不会怎么办？"这种示弱的方法来唤起男人做出这样行为的渴望。因为不会，家里就两个人肯定要找会的去做，即便是你诚信耍赖说自己也不会，她也会说你比她强悍，你比她聪明所以还是由你来做比较好。相比于这样高强度的劳动，假如自己能用承认自己因多听几句男人的抱怨之词而少卖点力气，也是个很不错的选择。

女人除了在婚姻中善用这种会而不说会的本事外，当她们处于恋爱阶段的时候说出："我不会怎么办？"则是有另外一种用意。由于好男人不好找，只要谁被自己相中就绝对不能让他从自己手里跑了。但相比于男人，女人还是比较内敛的。为了能获得与其更多的接触机会，她们常常会有意无意地去找对方帮忙，明明自己就可以摆平的事情，非得跟人家说自己不会。一般来说，除非是自己心里对对方有过节，否则一般情况下男人都会展示一下自己的绅士风度，只要不失原则，能帮一下的话肯定不会袖手旁观。就这样，天天帮她忙说不定渐渐帮出了点好感，假如这时候女人带着感激的目光对你说："真的好感激你为我做的一切，我觉得你似乎已经是我生活的一部分，自己越来越离不开你了。"那娇

滴滴的声音，一般没有几个男人抗拒的过去。第一对方对自己的长时间以来半自愿半勉强的付出表示出了充分的肯定，认为自己是个负责任的男人。第二，长时间以来也已经对她有了大概了解，觉得她也是有很多优点的。既然对方都这么说了，自己又还是单身，不妨先交往交往看看吧。就这样女人顺理成章的达成心愿，也没有过度地表现出对这个男人怎么如痴如火的追逐。一举两得，名利双收，这样的好事儿没点智商肯定是干不出来的。

由此看来，当男人拿着墩布一边擦地，一边埋怨女人这么简单的事情都不会干的时候，女人心里肯定已经乐开了花了。当男人一次次怜香惜玉的为一个女人提供帮助的时候，已经为他们俩能走到一起提高了至少六成的成功把握。一句"糟糕，我不会怎么办？"就在瞬间帮自己解决的这么多难题，这样动动嘴皮子就能把一个爱关心自己，爱帮助自己，勤劳能干的好老公带回家的好事儿，又有谁不愿意倾注精力去尝试呢？

"我真的好痛苦！"引着你去怜香惜玉

有人说男人最见不得的就是女人的眼泪，即便是心里没有爱，也不忍心看见女人痛苦。当女人含着眼泪对他说自己是多么痛苦的时候，

第四章　别总觉女人很诚实——她们的谎言，往往演绎得很真实

总是能够引起男人的淡淡柔情，即便她的痛苦与自己无关，但只要看到对方可怜巴巴的样子，还是要尽可能地去宽慰她，帮助她。也许正是因为男人这种喜欢怜香惜玉的情怀，女人往往从心底已经掌握了他们的心思。即便是有些事情理不在自己，也会露出一种无辜而伤感的神情，对着男人不断地倾诉自己的伤感。在这种强大的冲击下，男人往往会偏离自己判断是非的正确轨道，尽可能地去靠近对方的心理，即便知道她不占理，也宁愿相信她有自己的苦衷，是迫不得已而为之的。

其实，男人女人都有痛苦的时候，但面对痛苦的方式却是各有不同的。男人每一次伤感，顶多只是找几个朋友喝几杯，或者发发脾气，找个地方一个人宣泄。他们会尽可能地把痛苦隐藏起来，不让任何人看透自己的心事。而对于女人来说，相比于男人还有一个特殊的权柄，那就是用眼泪直接言明自己当下很痛苦的权利。她们希望谋得男人的同情和关怀，并最终赢得她们的支持和好感。

按常理来说，女人越是显得柔弱，越是能够燃起男人保护她的欲望。假如同为女人，一个外表坚强，事事都力求自己处理，不轻易接受别人的帮助。或许对于事业和家庭她们里里外外都是一把好手，对任何人都不会有什么亏欠，但很少能够招致男人的好感和关心。原因就在于，男人在她们面前会觉得自己存在价值不是特别高，由于对方是在太强，好像做什么事情都可以一个人摆平，并不是特别需要自己。一旦走到街上，很多人先注意的可能是她而不是她身边的男人，这对于男人的尊严感绝对是一种挑衅。因此长此以往下去，男人就会觉得在这个女人面前自己无所谓存在，也无所谓不存在，因此也就提不起怜香惜玉的兴趣，甚至

有时候还会因为她过于强势而倍感压力。

　　相反对于一些柔弱的女人恐怕就要比前者占便宜的多。有些时候她们并不是没有能力自己抵制压力，却往往在这个时候摆弄出一个林黛玉般的架势。尽可能地暗示男人，自己是柔弱的，需要帮助和保护的。这时候的男人看到这样的场景，一般做的第一件事情就是把高昂的声音放轻放缓，以此来表示对这种女人的关心和尊重。除此之外，假如这个女人可以表演到位，男人是非常愿意和她一起分担忧愁和烦恼的。有人说男人贪恋的绝对是这种女人美色，但经历了一些观察后发现事实并非如此。有些女人姿色一般，甚至还得说是个中下等，但正是因为她们能够很好地引发男人的同情心，总是能够在关键时刻赢得他们的帮助和支持。

　　那么女人装可量究竟有什么养的目的和手段呢？现在就让我们将一个个原景再现，揭秘那些藏在于人装痛苦之后的玄机吧！

　　1. 你不相信我的痛苦，我就把懦弱展现给整个世界。

　　木木是肖军的前女友，自肖军跟她分手后，她将肖军的男性友人加了个遍，挨个打电话哭诉自己多爱多爱肖军，为肖军操了多少心，而他却是怎么对自己的，分手后自己又是特多么痛苦。一开始，男性友人们都劝木木女，也为木木在肖军面前仗义执言，一个个的打电话数落肖军的不是。起初肖军不为所动，但碍于哥儿们的情面也只好又跟木木见了一面。尽管那天气氛尴尬，但木木还是尽可能地表现出因为分手时刻都六神无主的样子，再加上边上所有人都在向着说话，肖军最终还是死撑不住答应再与她相处一下看看。

第四章 别总觉女人很诚实——她们的谎言，往往演绎得很真实

男人是最爱面子的一个，假如身边的人都因为这个女人说自己不好，往往很难有谁能坚定到最后一刻。必定朋友多了路好走，处理不好很可能还会伤害了与别人的和气，而这往往会成为女人眼里最容易攻破的弱点。既然我的痛苦感动不了你，我就用他去感动你身边所有的人，把自己说的越可怜越好，只要赢得了你亲戚，朋友，老爸老妈的支持，就不信你会对我无动于衷。

对待这样的女人，男人首先不妨先自己做个测试，把对方的优点缺点都列出来，看看哪边的点数比较多。随后自己进行一个全盘分析，看看自己是不是确实对她没有了爱的感觉。必定幸福是自己的，过分将就了别人就是委屈了自己。只要你能够说的有理有据，恐怕没有谁会一直强制你跟谁在一起。

2.痛苦装到让你受用，一定要把你拉到自己的一边。

巧巧上大学的时候总是嗲嗲的样子，常常有事没事地去找男生说这说那。看到她酸溜溜的样子，班里很多同学都觉得好倒牙。于是有人说："我们不要让她老是这样装了吧！她真的有这么弱么？动不动就说自己那儿不舒服了，我鸡皮疙瘩都快掉一地了。""是啊！我也有点受不了。"最终大家提议，下一次她再这样的时候就暗示她一下，让巧巧适当收敛，注意一下影响。一次，大家下了课，巧巧又开始照往常一样跟一个男孩儿说自己最近胃口特别不好，真不知道怎么办。结果男孩儿冷冷地说："算了吧，您又不是林黛玉，怎么365天有364天都不舒服啊。"听了这话大家哄堂大笑，可巧巧却开始装起痛苦掉出泪花："我知道，我身体

不好，可是我也不想这样子啊，我从小身体就弱，你这么说话知道我多痛苦么？我还拿你当好朋友跟你倾诉呢。"她这么一哭，男孩儿沉默了，赶快拿出餐巾纸给她擦眼泪，说自己没有体恤她的心情，请她千万别在意。

巧巧真的身体那么不好吗？当然不是，事实上她身体没有任何问题，甚至相对于一些身体不好却很少多说的人来说，她绝对是个能吃能睡能说能笑的人。之所以总是要这样，不过是要引起男人对她的关注。此外，她对男孩儿的眼泪可以说是恰到好处，使其进也不是，退也不是，只能乖乖站在她这一边。虽然是受了骗，但自己的心里似乎还有这多半的亏欠感。

对于这样的女人，假如你已经真真地看清了她的真实面目，就尽可能地不要招惹她，适时与其保持刚刚好的距离，以免让她用这种可怜巴巴的枷锁禁锢了自己，有苦道不出还在人前异常尴尬。假如真的逃不过去，就干脆来一个"好好好，是是是，自己多注意身体吧！"的搪塞，随后找个说辞走开，这样一来她既跳不出你有什么不是，也不会有机会跟你没完没了了。

3. 用可怜巴巴的眼神，掀起无硝烟的争夺战。

关凌和唐娜是好朋友，关凌生性心眼多，而唐娜则比较柔弱。由于关凌喜欢上了公司另一部门的男孩儿浩然，而浩然却对与自己同一部门的唐娜颇具好感。为了得到这个男人，关凌就开始有意无意地接近浩然，

第四章 别总觉女人很诚实——她们的谎言，往往演绎得很真实

抽时间约他出来见面聊天，在交流中她经常爆出自己的内心是多么的孤独，不相信天下还有什么真挚的友谊，就连最好的朋友唐娜都对自己狼心狗肺，自己明明对她很好，可对方总是冷落她，嫉妒她，孤立她，乃至恶语重伤自己。而她却是怎样尽可能地维护着彼此之间的友谊，承受着唐娜对自己的伤害。如今她真的心累了，需要有个可以依靠的朋友，需要找个值得信赖的人。起初浩然不相信，可时间长了就犹如被洗脑一般对唐娜越来越有看法，久而久之，浩然慢慢疏远了唐娜，而慢慢获得他信任感的关凌顺利成了他的女朋友。

这种事情的经过对于男人来说应该没觉得有什么奇怪，在很多韩剧中这样的事情可以说是屡见不鲜的。不得不承认关凌的手腕真是有点残忍，当人一套而背地里又是另一套。事实上她说的话恰恰应该是唐娜说出来的话。她正面跟浩然装痛苦，而暗地里却在唐娜那里用尽了手段。据猜测，管用手段是，先说一些浩然的坏话，让唐娜对这个男人产生反感，觉得对方真的是个怪异而不懂分寸的人。这样一来在唐娜面对浩然的时候，必然会有意无意地表现出不耐烦。之后看气候成熟，她便开始在暗地里给唐娜气受，时不时地去拱唐娜的火，然后尽可能将自己受气的一面表现在浩然面前，这样一来浩然变会对唐娜的为人产生负面想法，而对于当人面任务负重的关凌深表同情。再加上关凌时不时找他诉苦，表现得柔弱而懂事，任何不知道实情的男人必然都会将自己的感情中心转移到她的身上。

必定在男人眼中，柔弱的女人是需要保护和帮助的。我们只能说，有时候女人的战争是没有硝烟的，为了感情很多人都无所谓姐妹，无所

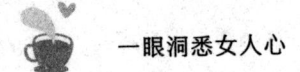

谓朋友，在她们的手腕下不知道有多少男人一辈子都不知道真正的罪过在于谁。

第五章
别说你懂女人爱情观
——女人与男人，面对感情完全是两种逻辑

她们再爱你也不会多过八分

不管你爱一个女人是不是全心全意,但女人必然再爱你也不会多过八分。或许有些男人会觉得这样很不公平,不是都说对爱情一定要真心实意么?两个人走到一起必然要倾尽自己所有的爱,为什么她就一定要保留呢?

事实上,女人是一个防御心相当重的人,由于历史遗留的一些问题,她们对于感情似乎有了一种天生的自我保护意识。其实在历史上,女人并不是没有过为一个男人倾尽所有的壮举,但却很少有两情相悦长长久久的圆满结局。不管是包公时代的陈世美,还是差点就把说文君甩了的司马相如。多少女人在男人不成事的时候倾尽自己所有的爱,而当其一撅而起的时候却已经忘了她们是谁。于是女人的心在一代代历史的消磨中,变了越来越吝啬,不再愿意表现出对爱无惧无畏的矜持,对于男人的承诺可以听但未必就一定回信,即便是信也一定是半个身子在内,半个身子还在外面。

由于听到的负面消息太多,很多女人即便对男人很有感觉,也会尽可能地留下两分感情存于内心。一旦自己真的遇到了历史中常常点到的

第五章　别说你懂女人爱情观——女人与男人，面对感情完全是两种逻辑

负心男人，也不至于过于悲痛伤感，觉得自己倾尽所有，一辈子却活得如此不值得。女人时常会告诫自己，千万不要太爱一个人，因为这样会被他牵着鼻子走，动辄方寸大乱，如被魔杖点中，完完全全不能自已。她们很担心被男人百分之百拿捏住后，会不再有自己的思想，不再有自己的喜怒哀乐。假如自己每天都要以男人为中心，没有自己的个人空间，宛如他就是自己的整个天，整个世界。那么一旦他离开了自己，岂不是自己的天也会塌陷，世界也不复存在了吗？作为一个聪明的女人，对于自己心爱的人或许嘴上可以温柔地对你说："从此以后你就是我的一切。"但是但事实上她们仍然会自己有所保留，原因就在于她们希望即便有一天没有你，自己也能好好地活下去。

　　小芳是个自立的女孩儿，感情经历也很简单。之后在朋友的介绍下认识了一个叫鑫磊的男孩儿，起初两个人聊得很好，常常见面一起吃饭溜达，时不时地还去看看电影生活过的好像还挺精彩的。尽管两个人看似很合拍，但是鑫磊还是觉得自己没有完全把这个女孩儿彻彻底底地抓在手里，每天看着她成天笑呵呵，从来不发表太多对于自己感情的态度和见解，因此也就不知道对方是不是真的对自己动了感情。
　　于是他开始试探性地问一些问题，或是要求小芳每天都要多跟自己在一起，甚至还常常制造一些和别的女孩儿相处的假象，希望引起小芳的醋意。起初小芳比较就和他的感受，尽可能地按照他的预期轨道而为，但时间长了她便又恢复了以前的样子。当鑫磊再要求其再多拿出点时间跟他在一起的时候，她在电话的另一头表达出自己的态度："对不起，我是需要工作的人，两个人相处没有必要一定天天腻在一起，至少谁都

得要有那么点个人空间的吧。或许这个世界上有可以百分之百什么都不要只要一个男人的人，可是我真的不是那种人，如果你一定要把我培养成那种人，那也就不再是我了。"

这话显然吧鑫磊气着了，过一段时间他跟小芳提出分手，又跟别的女孩儿联系在了一起。起初小芳也觉得无辜而难过，因为在整个过程中自己在感情上没有像对方那么朝三暮四，也没有动不动制造出什么事端让对方大发雷霆。别的女人跟男朋友吵得不可开交的事情也从来没有发生在她的身上过。相反她总是笑呵呵的，总是将一些有意思的事情将给对方听，尽管有时候也抱怨一下也是很有分寸的。莫非跟自己分手的原因就是自己想给自己点个人空间，就是因为自己看上去让对方不能十拿九稳的抓住么？

经过一段时间的思考后，小芳没有意志消沉，相反显得更加阳光。没到别人问起的时候她总是会说："人终归是要多为自己活一些，即便是很爱的人也多少要给自己保留那么两三分的情感。我可不想因为一个男人活得那么伤感，伤感多了也只能证明我被他玩弄后又被甩了。每个人都有自己的选择，如果真的找到了一个爱我的人，我相信他一定也会支持我多爱自己一点，当然我也会对他这么想。"

其实，在每个男人心里总是想要一个对自己百依百顺，温柔体贴的女人的。但从某种角度来说他们的内心又是如此矛盾。他们希望一个女人对自己全心全意，但又会因为女人全心全意以后把他们包得太紧而闷得透不过气来。他们希望女人百依百顺，但女人真做的这一点后，动不动等他拿主意的时候他又常常想不出什么好办法，最后心里一急："你

第五章　别说你懂女人爱情观——女人与男人，面对感情完全是两种逻辑

自己没脑子啊，为什么总问我该怎么办？我又不是神仙。"当女人满足了他们的要求，开始重色轻友，天天围着他打转的时候，他却开始说："你老追着我干什么？跟屁虫一样，你看看你身边还有几个朋友？"总而言之，女人不改变男人心里不爽，但女人真真正正为他们改变了，他们自己也未必就真能受用。

就这样，很多女人开始意识到，绝对不能因为太爱一个男人而没有了自己。既然自己从一开始就不能达到他的要求，那自己不如尽早收场，去找一个真真正正欣赏自己的人，愿意给自己一定自我空间的人。其实，作为一个聪明的男人早就应该知道，女人即便是再说爱也不会是百分之百的爱，即便真的有百分之百投入的，他自己也是受不了的。按照现代人的眼光，太爱一个人无异于把自己变成了一支蜡烛，奋不顾身地燃烧只为求得一时的光与热。而当蜡烛燃尽熄灭，别然会什么也剩不下。这种行为看似伟大，却是相当愚蠢的。因为随着青烟燃尽，你也必将不复存在无处寻觅，这时候又有谁还记得他点燃了一根怎样的蜡烛呢。与其如此，女人一般都会选择做一根手电筒，它可以不断放入新电池，永远保持属于自己的活力。有些时候真正的爱不在于你怎样飞蛾扑火的自我牺牲，而在于你能够成为对方最需要的一部分，将这种完美的感觉延续得更加长远，假如你可以让对方拿在手里永远都不觉得过时，永远都觉得很需要，那么爱情就必然可以驻足长远了。

所以，从这一点上男人千万不要再去挑剔女人给予自己的爱永远不够，如可能就尽可能地让她们将两分爱留给自己吧。只要不出原则尽可能地让她们做些自己想做的事情。必定爱她的时候她还是她自己，如果没有百分之百的把握能让她在你的英明指引下变的无可挑剔，就不要轻

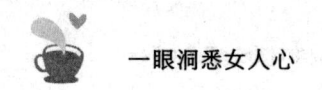

易的动手去改造她吧。

恋爱打扮是为你，婚后打扮也是为你

　　经常有男人抱怨女人太磨叽，想跟她出趟门是在太难。每次都是自己料理妥当了坐在那里等她，看到她一会儿喷个香水，一会儿弄个头发，一会儿有寻思自己应该穿什么最好。那花费的时间，自己完全可以在等待的时间写一篇长达 5000 字左右的文章。于是男人开始不耐烦，不就是出去吃个饭吗，要是位子没预定过去黄花菜都凉了，既然已经都到一块儿了总是这样没完没了的谁受得了啊。

　　可是这种想法可以有，但千万不要让女人知道。要知道这会让她们的心灵受到莫大的伤害，认为你是有意剥夺她们美的需求，认为你这是对她们不重视的表现，认为你的爱在与日递减。总而言之，如果你想让等待的不愉快快点结束，最好还是不要抱怨的太多，以免门没出去，自己先准备被她哭天喊地，连嚷带骂的"动人旋律"整的去撞墙了。

　　有时候想，女人为什么就那么爱琢磨自己呢？今天看见眼角有了一缕细细的皱纹，之后就能坐在那里哭丧着连将郁闷心情延续一个星期。其实那不过就是没睡好的原因，只要睡眠注意一点，晚上别看那么长时间电视，过两天就完全可以自己消失。结果怎么说她都不信，结果花钱

第五章 别说你懂女人爱情观——女人与男人，面对感情完全是两种逻辑

买了一堆面膜，今天试验一种，明天又试验一种。搞的男人每天晚上都得跟自家这位贴着一张"魂魄"面具的媳妇儿起码共度半个小时的时间。要说仅仅是有白的也就算了，人家脸上还经常的变颜色，一会儿黑的，一会儿绿的，一会儿黄的，一会儿咖啡的。总而言之，只要那东西往脸上一糊你是不敢多看。怎么也搞不清楚，每天赚钱谁都不容易，怎么女人一定要花这么大本玩儿命嚯瑟自己这张脸。自己按说也没在衣服上亏了她，为什么还老抱怨自己衣服不够穿？为什么自己好心请她吃饭，感觉跟要杀了她一样，没个盘子只动一筷子，完了好抱怨你把东西做那么好吃干吗，自己最近又长分量了。总而言之，怎么都不行，于是男人们纷纷开始感叹，女人的打扮真的要了自己的半条命了。

的确，女人爱美绝对是天下不争的事实，因为美而爱花钱也绝对是无可辩驳的真理。但是假如我们回想一下当初与她见面的那一刻，她给你的第一感觉是什么样的呢？她穿着得体，妆容呈现着美感，皮肤细腻白皙，眼睛炯炯有神，或是身材婀娜纤细？总而言之，假如她让你看着一无是处，没有一点美感的话，你是绝对不会搭理她的。单从这一点来说，正是因为女人不断地挖空心思塑造自己的美，才给了男人得以欣赏到美的权利。

作为女人，让若对你没有什么感觉，绝对不会在你面前那么用心的规整自己，因为对你在乎所以自我嚯瑟，那是他们之所以捯饬自己这么长时间的一个相当重要的原因。人们常说，恋爱中的女人是最漂亮的，其原因除了恋爱的心情给了她们很好的心情以外，还在于她们那种渴望在你面前展现最漂亮自己的表现欲望。在很多年轻男子看来，假如自己的女朋友天天穿的吊儿郎当根本带不出去，是一件超级没面子的事情。

即便自己不吭声，轮到别人小声议论说三道四自己也绝对是受不了的。为了迎合内心的那种虚荣心，很多男人也极力的要求女人必须在恋爱期间装扮出一幅入得厅堂的俊模样。更何况男女在恋爱期间，往往是约会之后各回各家各找各妈。因此，女人在家做了多少努力自己也未必知道，那段时间他看到的只是最终的效果，没有看到整个捯饬的过程，因此心里还觉得很欣喜，丝毫感受不到有什么闹心。

然而，当两个人真正的不如了结婚殿堂，开始自己张罗柴米油盐那点事儿，开始盘算着账面那点儿有限的银子该怎么支配的时候，当男人发现自己玩儿命转了半个月的薪水被媳妇儿换成了一件衣服的时候，当他们开始在门口交际等了半个多小时也不见女人从家里捯饬完出来的时候，便开始对女人爱打扮这件事情有了另一番看法。

女人已经娶回家了，一天到晚还跟小姑娘一样捯饬自己，怎么越想越觉得有点不大对劲呢？再说一个月的收入都是有数的，我在前面拼命地挣，你在后面拼命的花，怎么就觉得那么不公平呢？这也就算了，关键是如果买回来能用也行，可她现在买东西似乎就没经过大脑，常常是衣服买的时候不试，看着好直接抄回家，说是便宜。便宜也就罢了，结果发现那东西根本套不进去，或者套进去了，不是紧绷绷，就是感觉把自己装进一麻袋里一样。总而言之，没穿过一回就扔在一边，反正钱是肯定拿补回来了。或者有些男人觉得，与其这么浪费，还不如用这钱吃一顿的好，吃进去了，起码自己还能尝尝是什么么味儿。现在可好，大衣柜只有可怜巴巴的一个小格子用来放自己的东西，其余的地方都被女人这些杂七杂八的东西塞得满满当当。扔了吧钱买回来的，也没穿过，不扔吧就跟囤货一样一点用处没有。更令人恐惧的是，柜子里的东西掏

第五章　别说你懂女人爱情观——女人与男人，面对感情完全是两种逻辑

不出去，可没年让然会有海量的服饰源源不断的入库，让自己觉得一进家就像进了百货公司，千奇百怪，什么样的都有，真是不知道让自己该呆哪儿好。

其实，面对女人自我打扮这件事情，男人在烦闷的同时还是要给予其一定的谅解的。如果说恋爱的时候她打扮漂亮是为了招致很多男人的注意，那么婚后她继续打扮则仅仅是为了捯饬给你一个人看了。之所以两个人真到了一起还玩儿命捯饬，主要的一个心理是希望你们之间的爱情能像恋爱时候一样长长久久，她能够在心里永远亮丽如初，你永远在乎她。她不希望因为婚后艰辛的家务劳动丧失自己对于美的追求，不希望因为自己不再漂亮而让你对她的感情渐渐疏远。因此，她们开始越来越在意自己是不是正在衰老，开始尽可能地花钱用辅助产品保持自己期初见到你时候的样子。其实，这也不能说不算是一种对你的爱，倘若有一天这种爱真的不在，展现在你面前的每天都是一个蓬头垢面，衣着邋遢的女人，想必任何男人也必然会尽可能地不要把感情过多地放在她的身上了。

不得不承认，尽管女人的心是好的，但往往在行动的时候很不到位。作为男人一定要动用自己的智慧，想办法安抚她们敏感的心。适时的夸夸她们告诉她不管什么时候选择她都没后悔。随后再跟她商量一下财政监控的问题，力争在彼此制衡的情况下最大限度累积家庭财富，必定两个人未来的幸福要比一件衣服给她带来的幸福重要得多。

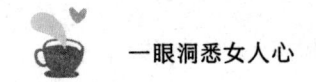

最好不要给她铭心刻骨的伤害

当男人在面对一个伤害过自己的女人时，往往会在最后的时候选择头也不回地离开，即便是之后有些后悔，也要摆出一副好马不吃回头草的做派。甚至有些人，因为难以克制内心的怒火，还会采取一些非常手段加以报复。必定男人难过的时候常常受到男儿有泪不轻弹的限制，哭就意味着向别然展示自己的懦弱，而不哭心里却犹如滴血一般，在过去与现在，深爱与列怒中挣扎，不知道是应该放手伟大还是应该报复有理。

而对于女人来说，倘若因为感情受到了铭心刻骨的伤害后果往往比男人还要严重。由于思维方式不同，男人即便是受到伤害，最多只会讲偏激的怒气之间烧到伤害她的这个女人身上。而女人一旦受到了伤害往往会迸发出一句："男人没一个好东西的。"偏激念头。当一个女人从恋爱好似云间飞的梦幻感觉，一下子跌入伤痕累累的万丈深渊，结局无外乎就那么几种。好一点的，在朋友的关怀亲人的温暖下慢慢进行自我消化和调节，之后看似心理上没有什么问题，跟别人也是有说有笑，但要想彻彻底底地放下曾经的负累，重新接受一个对自己好的男人也是要经历一番思想斗争的。正所谓，一朝被蛇咬，十年怕井绳。即便是下一个男人真的很爱她，也必然要花费很长的时间去治愈深埋在她心里的暗伤。就像有病的人在变天的时候本来痊愈的身体会突然感觉不适一样，女人的伤痛表面上看已经没有什么大碍，但只要有人有意无意地触碰到她的痛点，往日那些绝望的回忆就会依依在线，让其不敢相信现在生活的真实。

第五章　别说你懂女人爱情观——女人与男人，面对感情完全是两种逻辑

虽然，伤口会时不时地隐隐作痛，但假如之后遇到一个真正愿意给她关怀的男人，也算是这个女人幸运的事情，但相比这下有些女人就没那么幸运了。由于当初爱的太深，大有破釜沉舟之举，再加上整个经历让自己窝心的难以排解。不在少数的女人都有过轻生的念头，她们常常用自残的行为用身体的疼痛缓解内心的伤痛。有些人开始自我沦丧，常常到酒吧买醉，每天昏天黑地不知道在干什么。还有写女人思维意识一片混乱，莫名其妙地去找很多男人发生不正当关系，甚至还要体味一下毒品的虚幻。当然，我们应该公正地说，事情之所以会这样，并不完全在于给予其伤害的男人，因为不管任何人想在这个世界上继续生存下去，就必然要具备抵御打击的能力，自我堕落确实是不允许的。但从另一方面看，假如是个有良心的男人，看着这个曾经很正常且对自己做了一定牺牲的女人，因为受到了你的伤害而难以自拔到这番田地。从此意志消沉似乎后半生都没有希望又于心何忍呢？

此外，也是最可怕的一种，那就是有些女人受伤毁自己也就罢了，但她们除了要毁自己以外还将仇恨倾注在每一个男人的头上。认为天下每一个男人都丧尽天良，都不该活得好。自己这辈子一定要替天行道，让伤害女人的男人看看受伤的女人不是好惹的。于是她们开始走起了极端路线，轻则以姿色引诱不同的男人，在他们对自己产生感情以后将其耍弄一番以后溜号。重的直接诈骗索财，更严重者杀人如麻。但凡是和那伤害自己的男人有一点关系的人通通难以幸免。除非有人能把她按在地上加以制止，都则她就会继续肆无忌惮地将杀戮进行下去。

由此看来，当一个女人内心受到重创的时候，其反应也是相当剧烈的。因此，作为一个好男人不到万不得已千万不要让哪个女人因自己而

受到伤害，不管这个女人是不是自己真正爱的人，至少也应该最大限度地对她的爱表示尊重。有句话说得好："天下只有两种债，一个是钱债，一个是情债。情债永远是要比钱债难还的。"作为男人，可以不轻易对女人许诺，但只要许下的承诺就要尽可能地兑现。正所谓君子一言驷马难追，如果不确定自己能跟对方走多远，最好就不要给她留有太多一辈子都会在一起的期待。虽然这个世界上谁爱上谁都是没有错的，但是应该接受还是不应该接受起初抉择权都在于我们自己。只要把握得好，发现对方的好感难以接受，就适时地给予其暗示或是间接地表达出自己的看法，即便是那时候女人不开心也不会走到恨你的程度。相反经过一段时间的思考，她或许还觉得你是个负责任的男人，一个谁得到都不后悔的好男人，而对于你曾经的回绝她也只能说自己没有这个好命罢了。

　　人们常在闲聊中调侃，不管时代怎么变迁，男人女人之间永远都信守着"男不坏女不爱"的真理。从表面上理解，很多女人的伤害似乎都是自己找上门去的，好的不找一定要找个坏男人让自己感受一下受伤是什么感觉。这种说法肯定是不合理的，女人虽然在感情上不聪明，但智商也还不至于弱到这种程度。如果说她们真的青睐哪种坏男孩儿，也不过是希望他对外人鬼心眼儿多点，对自己幽默风趣一点而已，这就好比是一枚古钱币，外表看似圆滑，但心儿必须还是方正的。因此，假如你确信自己的心还保持着一个方正的态度，还是尽可能地把自己往玩弄女人感情的坏男人方向靠拢吧，如果爱就专注地爱，如果确定爱已不在，最好也给对方一个接受的适应的时间，找到一种能够让对方更容易接受你淡出她世界的方式。既然要画句号还是画的圆满点好，不管以后要不要联系也尽可能地不要将彼此之间感情的伤痛肆意蔓延，愈演愈烈吧。

第五章　别说你懂女人爱情观——女人与男人，面对感情完全是两种逻辑

你可以让她独处，但别让她孤独

最近有一项调查表明，在中国大概有近百分之六十人家的宠物都患有不同程度的忧郁症。原因就在于主人工作很忙，常常成天不在家，小动物自己感觉不到爱抚和关心，在家里百无聊赖觉得根本体味不到温暖，因此常常爬在一个角落一声不吭，眼角挂着感伤的神采。而剩余的百分之四十则生活得相当快乐。主要原因是，饲养它们的都是一些退休的老人，他们有足够闲暇的时间可以跟它们朝夕相处，即便是有时自己也要出去一段时间，但每次回来都会抽出一些时间抚摸抚摸他们的皮毛，跟它们说说话，不管它们能不能明白自己的意思，最起码在这样细心的关怀下，很多小动物的寿命都比平均寿命延长了很久。

其实，任何生物都是渴望细心呵护照料的，它们既需要在独处中享受恬静，又不希望将这种独处无休止的延续最终转变成孤独的伤痛。动物是这样，而在人类社会这也必然是一条不可改变的真理。

作为一个男人由于社会的分工不同，从事的工作有差异，必然是有人生活繁忙有人相对清闲的。但不管是清闲还是繁忙，却始终不明白女人究竟要让自己怎么待着才舒服。在一起待的时间长了她说没有自由空间了，天天腻在一块儿没什么好说的。工作繁忙了，她有限你不在乎她，天天把她一个人扔在家里，早知道结婚等于守寡还不如自己找个教堂直接当修女算了。总而言之，女人的心思真的让人捉摸不透，很多男人都说不清，究竟她想让自己什么时候在什么时候不在。

其实，不管是男人还是女人，多少都是需要点人身自由的。即便是

真正生活在一起，天天腻着，大眼儿瞪小眼儿也会越看越烦。由此看来，同在一个屋檐下的两个人要想长长久久而不心生厌倦也是一门学问。例如当对方在从事自己喜欢做的事情时，只要不是影响到两人感情范围以内的事情，就尽量不要过分的打扰她。有些时候女人之所以想要一些独处的空间，无非是想尽可能地放松一下自己的心情，或是将整个思绪沉淀一下，在安静的屋子里一个人鼓捣点自己感兴趣的事情。例如她们希望一个人到街上走走，并不是因为觉得带你上街是累赘，而是希望自己能够用好奇的眼睛东看看西看看，在没有任何目的的闲逛中愉悦一下身心。有时候她们也会把你轰出家门，让你一个人去溜达，一个小时以内不许回来。其原因并不是嫌你碍事儿，而是希望自己可以开着音乐把家务一件件料理完，给自己一个小时边收拾边嘚瑟的时间。有时候她们会把自己关在小屋子里，你千呼万唤也不出来，主要原因不是不愿意跟你待在一起，而是希望自己能看看自己喜欢的书，或是绣一个自己喜欢的花样，在安静里享受一份属于自己的惬意和成就。

尽管，有时候女人是如此古怪的渴望独处，但不意味着她的世界不需要你的存在。必定独处不是孤独，寡妇一般的生活也是她们难以忍受的。有些时候即便自己一个人在屋子里待着，也是从心里希望门后面有你的存在。有时候她们渴望兴致勃勃的跟你靠在沙发上看电视，与你出去遛弯儿吃饭，甚至一聊聊两个小时。在她们看来，偶尔的独处是一种惬意，但是没完没了的独处就是孤寂，时间长了心理上也会忧郁伤感，觉得周围了无人烟，自己会一个人冷冷清清的在无助中不知所措。每每到了这个时刻，女人都有一种渴望到别的地方找寄托的心理，倘若这种心理长期延续下去，必然会造成男人最不想看到的一幕。

第五章 别说你懂女人爱情观——女人与男人，面对感情完全是两种逻辑

由于老公经常这样因工出差，经常要很长时间才能回来。只留下小文慧一个人待在家里，时常觉得没有乐趣。文慧在国家机关上班，工作比较清闲，总有大把的时间不知道怎么打发，可她偏偏是个没有什么兴趣爱好的人。又不像别人要么打牌，要么交友，即便家里没人，也能把生活调试得很开心。除了上班以外，她只是在家里不停地做家务，把家里收拾得干干净净的，之后捧着从书店买来的中外名著，窝在沙发里一个人跟着主人翁哭哭笑笑。不知不觉寂寞的心渐渐的淹没了她的整个生活。

一天老公提着一台电脑推开们笑着说是送她的礼物，让她没事的时候看看网页玩儿玩儿游戏。文慧自然是很开心，但这时候老公却突然郑重起来："电脑可以玩儿，可你不能背着我跟人家聊天啊，我一哥们他老婆就因为会网友被人耍了一下，丢死人了！"一听这话，文慧不以为然，一个冷冰冰的机器能有多大的魅力啊！

有一天文慧发烧了，这时候老公已出差十几天，迷迷糊糊中她拿着手机摸索着给老公打电话，电话响了好久才有人接，老公那边似乎正在歌舞升平"喂？有事吗？"听着那边这么热闹，她轻轻地挂上了电话，心里开始莫名其妙的委屈起来。那天晚上她自己到了社区门诊打了点滴，那一夜她打开了电脑。

从此以后文慧有了打发时间打发寂寞的办法，虽然只是瞎聊，虽然有时只是在上面静静地挂着，但她只要感觉到有人和她在一起就会有一种莫大的满足。不知不觉中，她固定了一个聊友，时间长了彼此似乎有了一种默契，又有了一种微妙的感情，一朝不见就会总惦记着，她也就

因此慢慢淡化了老公的想念。

这一天，文慧接到了老公的电话："老婆，最近忙什么呢？怎么不给我打电话了？"

这时文慧才突然想起这次老公出去已有半个月了，自己竟然没给他打过一次电话。

"你……你那边忙完了吗？"

"明天我就回家了，高兴不？"

"你明天就回来吗？你不是这次要走很长时间吗？"

"你到底怎么了？你不是总想要我陪你吗？我是特地为你提前回去的。"

此时的文慧拿着话筒一时不知该怎么回答，因为她想起明晚她跟聊友的约会，说好不见不散的，怎么办呢？

在我们的生活中，不应该孤单的人实在太多了。我们时常抱怨女人背着自己想上了别人，对她们不够忠诚而充满愤恨。但从另外一方面想，自己有多长时间照顾到了她的心情呢？其实女人要的并不多，平时多一个电话，多一条短信，就可以让她们对你感激涕零，心甘情愿为你守候。其实有时候，女人就好比是一只粘人的小猫咪，谁给她温暖她就会跟谁走。假如你的怀抱经常为她打开，如果你的爱为她永远炙热，她就一定会对你不离不弃，即便你有时不在身边，她也不会因为身边没有你的存在，忘记这个世界上还有一个你。

第五章　别说你懂女人爱情观——女人与男人，面对感情完全是两种逻辑

没错！折腾你才是在乎你

曾经有一位女性朋友在经历过几次恋爱后发出这样的感叹："在我看来男人是需要折腾的，如果不折腾他就肯定不会在乎你。"或许这句话进到男人耳朵里会觉得相当不中听，难道自己就是女人用来虐待的工具？自己又不是感情受虐狂，两个人在一起好就是好，干吗要相互折腾，彼此折磨呢？

的确，在男人的心里多少都是不喜欢无理取闹，闲得没事跟自己瞎折腾的女人的。但从另一个侧面讲，如果一个女人总是特别淡定，即便是自己做出一些不符合规格的举动她也能够做到彬彬有礼若无其事，说话时没有怒气还对你相当客气，大多数男人也会感觉失落，认为自己并没有得到对方的足够重视，她也并没有对自己倾注太多的感情。因为不在乎，所以才会这么淡定，因为无所谓她才会在自己做了这么明显的举动以后还能该干什么干什么。

说实话，有些时候女人自己也会纳闷，男人说话往往都是口不对着心的。你说不喜欢无理取闹的女人，我就尽可能地海量一点，谦和一点，结果自己真的有了雅量你却觉得浑身不自在了。在一些女人看来，很多男人要是躁狂起来要比女人能折腾的多，他们常常会做出一些没事儿找抽的事情，妄求女人好好地跟他们发一次脾气。女人越是河东狮吼，男人心里就越觉得浑身爽得无法言语，尽管事后拼命地道歉解释，但心里却乐得开了花儿一样，觉得找了顿骂是值得的，至少知道她在乎自己了，自己在对方心中是有位置的。

这种行为虽说会让很多女人知道实情以后大跌眼镜,但却证明了一个不争的事实,折腾的心理不是女人天生就具备的,而是代代男人调教出来的整理。男人有时候从心眼儿里非常希望女人跟自己折腾,但又很矛盾的不太愿意她们一天到晚跟自己玩儿命的折腾。必定什么事情都得有个度,恰到好处自己很受用,过了度自己就要准备捂着耳朵撞墙了。

天宇和安琪是大学同学,毕业以后有一起闯荡事业,最终成立了一家小有名气的工作室。起初安琪文文静静,做事也是有条不紊不声不响。由于做事太认真,往往会因为专注于工作忘记了天宇的感受。为了引起安琪的注意,天宇又一次成心在自己的手机里加了一个女人的相片,然后有意识的放在安琪的旁边,随后他又让一个业务伙伴拨通了自己的电话引起安琪的注意,电话一响屏幕就亮了起来,安琪一抬头发现了天宇手机上的女人图片,于是心生不满地拿着电话找他一问究竟,看到安琪满脸怒火,天宇此时心里却生出几分惬意,尽管当时自己深情无辜而紧张,但心里还是异常的开心。最终安琪跟他大嚷特嚷了一回,还跟他冷战了一个星期,最终天宇找了N多朋友证明,手机上的女人与自己无关,完全是他在无意识中从网上下载下来的。尽管有了误会,但是看到她这么在乎自己还是蛮开心的。

就这样,一场风波结束了,本来以为事情可以归于平静。但天宇却发现之后的安琪一反常态,只要电话那头讲话的是女生她就开始没完没了的审问加折腾,不管天宇跟对方谈的是公事还是私事。甚至有的时候天宇电话时间长了,她还会抢过他手里的手机摔在桌子上,叉起小腰跟他大干一架。由于其中有些电话是天宇的客户打来的,因此安琪这么一

第五章　别说你懂女人爱情观——女人与男人，面对感情完全是两种逻辑

闹搞得自己很难堪。时间一长，天宇觉得安琪越来越像个更年期犯了的女人，甚至在她面前自己都不敢接电话，生怕她脾气犯上来又干出点什么"非常壮举"。慢慢地，天宇对安琪的感觉越来越淡，他时常也会回忆起初见到这个女孩儿的样子，那时候她是那么谦和温柔，懂事得让他恨不得作者时光机器回到过去，永远都不要再回来了。

常常听见很多男人人前抱怨："我家女人看见我跟哪个女人多说两句话，立马脸色就变。随后回家少不了一顿收拾，我这男人的面子真的不知道应该放在哪里。即便是结了婚，我也不可能从此以后看见别的女人都跟看老虎一样。即便是老虎，我觉得也比她看上去可爱多了。"虽说总是觉得天理不公，但事实上两个人的关系还是不错的。他在家的位置也未必是个妻管严，甚至有些时候当着老婆跟别的女人说话还都是自己成心做出来的，目的无非就是彰显一下自己的男人魅力，给别人看看自己的老婆究竟有多在乎自己。

正是在男人这种不断的"英明"引导下，女人开始意识到，原来男人是喜欢被折腾的，越是折腾，就越能表现出自己对他是多么在乎。于是从此以后，即便是自己分本不会折腾，也要尽可能地多折腾折腾对方，以便能够让其心理有个平衡的感觉。但必定生活中情商高的女人占的比例并不多，很多女人虽然知道折腾男人是可以让他知道自己多在乎他，却往往折腾不到点上，而且掌握不好折腾的度量衡。这种感觉就好比一个人本来觉得有人敬酒零星喝几杯挺美，结果对方错以为他喜欢自己敬酒的方式，为了彰显热情就开始不住地像他敬酒，结果对方哪儿有那么大的酒量，最终一杯接着一杯由于是在耐受不了，脑袋一晕出溜到酒桌

地下去了。细细想来，这又何苦呢？如果知道对方只是想意思一下，最好还是不要这么猛灌嘛！灌倒了以后，人家一定会因为回家饮酒过当而折腾的浑身难受，连晕带吐这么一折腾，下次一定会躲得你远远的。

事实上，女人折腾男人也是同样的道理，起初看见你被折腾一下还觉得心里挺开心，结果忽然觉得这招对于调剂感情很受用，所以为了变现自己很在意，便开始找点话茬就折腾折腾你，没想到这种点儿低的行为用多了会起反作用。长此以往的嗨瑟最终让男人见到你就肝儿颤，不知道下一分钟，自己将面临一个怎样的命运，经历一番怎样的劲爽型的河东狮吼。总而言之心里开始后悔："你说我闲得没事当初引导她用这招干什么？搞得自己现在跟受虐狂一样，我看她还是别在乎我了，在乎时间长了我的心脏耳膜都会出问题。到时候想回回不去，想治治不好，自己这辈子就这么交代了怎么办啊？"但早知如此何必当初，如今女人已经把折腾你当成了一种习惯，如果真的不受用不起想必除了自己有本质把她态度端正过来以外，只能是三十六计走为上策了。

没错，女人折腾你是出于发自内心的在乎你，尽管不是每一个女人都能演绎出男人所向往的那种效果，但是心境是一样的。面对她的这番好意，感受一下是可以的，但只要看到对方有喋喋不休的架势，就要赶快想办法加以制止。必定长时间在狂轰滥炸的紧张氛围中纠结不但会影响你自己的寿命，就连你们之间长久培养起来的爱慕之情也会从此不复存在。最后还是要多句嘴，男人没必要在这方面当烈士，在女人的怒火中永生也必然是一种莫大的不幸和自摧残。

第六章
别去试探女人的底线
——出了她的界限,你就会在下一秒彻底下台

一眼洞悉女人心

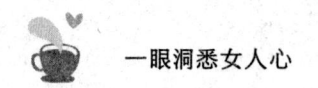

你不给她面子，她早晚让你很没面子

人说男人会把自己的面子看的比天还大。谁要是伤害了他的面子问题，谁就等于要了他的命一般。的确，不管什么样的男人，对待自己的面子都是相当注重的。它象征着他们的尊严，象征着他们在人前的地位。他们希望得到所有人的尊敬，尤其是站在他身边的那位女人，绝对不能让他觉得自己掉价，他们希望女人无时无刻都要维护他的面子，让他在人前更有光。可是作为男人，你有没有想到女人的面子到底重不重要呢？

其实，女人是很脆弱的，别人有些话说出来男人经受得起，但是女人却因此而掉下泪花。假如你可以回忆上学时代，老师在批评班里同学的时候，第一个掉下眼泪的一定是女孩儿。的确，女人的脸皮天生要比男人薄，一件事情男人经历了很快就能忘得一干二净，但女人会在那里坐着闷上半个多月，即便是觉得事情过去了，偶然有一天想起，还是觉得心里很不舒服。

有时候，男人为了维护自己的面子，往往会在人前拿女人开涮，说一些有损于她人格的话，以这种调侃的方式博得在场人的哈哈大笑。也

第六章 别去试探女人的底线——出了她的界限，你就会在下一秒彻底下台

许在那一刻他自己并不觉得有什么不妥，但事实上对面的女人坐在那里却很难堪，很尴尬。根本不知道该该做什么，自己接下来要怎么跟别人说话，或者是不是现在自己就应该拿上自己的东西走人。或许有些人会说："至于么？不就是图一个大家开心吗？再说很快大家就会忘记的。"但女人却觉得，在这里待下去自己就会像一个小丑，从此以后别人再见到自己就会对其另眼相看。如果调侃的男人恰巧是自己一直倾慕的对象，那感觉更是非常痛苦的，因为这会让她觉得对方并不喜欢自己，并不在意自己，所以才会把她那到桌面上去承受这么多人的讥诮。

此外，有些男人越是在公共场合越是要彰显一下自己是多么会调教女人，越是在人前越是会对女人大声呵斥，没说两句就会把嗓门提高。倘若女人反抗回嘴，他就会觉得很没面子，想疯了一样被激怒。但假如女人不回嘴，他就要在人前好好使唤一下对方。一会儿支使对方干这个，一会儿支使对方做那个，仿佛在那一刻把女人使唤得像个卑微的努力。假如两个人在人前吵起来，女人一旦说了几句急上头的话，说不定惹恼了她大嘴巴就撩上去了。这一切尽管在场的人都会上来劝架，但从此以后女人必然会觉得自己颜面扫地。

还有一种，也是女人最难以忍受的一种。就是男人在自己家人面前不给自己面子，常常说一些对自己父母朋友不够尊敬的话。我们常常看到一些男人，在去女人家时就坐在那里看电视，什么都不管，女人家中父母却跑来跑去地在那里张罗。好不容易饭做好了，长辈关心地给他夹菜，他却来一个自己不喜欢吃这种东西，搞得整个气氛都很尴尬。这时候女人会觉得男人根本不尊重自己，也不尊重自己的家人，从此以后必

然会把这件事记在心里一辈子。

女人天生是富有灵性的，她们从很早就知道男人有多么爱惜自己的面子。如果她真的喜欢你，必然会考虑周全这个问题，尽可能地去协助维护心中的那点尊严。但即便如此，女人也不希望男人以撕破她面子的方式助长自己的面子。在她看来这样做的男人绝对没有把自己当做一个人来看待，既然对方不拿自己当人，自己又何苦花心子顾及他的面子呢？必定女人也是有自尊心的，倘若自己的自尊心受到了重创，她最想做的事情必然是以牙还牙，先找个机会好好羞辱一下这个男人再说，让他也感受感受脸被撕破的灼伤感。不管今后自己要不要离开她首先就要让她明白，世界上不仅仅只有男人的面子重要，假如你不尊重我，那我绝对也不会给你台阶下台。

那么女人究竟会用哪些手段让男人下不了台呢？其实这里面的方法，可以说是大千世界五花八门，不同的女人羞辱男人的手段都是各不相同的。下面只能稍微列举几种，方便大家对照一下身边女人的左派看看有没有什么相似之处。

1. 当人揭短。女人像让男人下不来台的话未必要跟你在两个人的时候发生什么冲突。只要你让她尊严扫惹起了她的不满，到了关键时刻她必然该说话了。她会在公众场合对你以其人之道还其人之身。拐个弯儿找个话题就把你的糗事儿说出去调侃了，什么生活无条理，办事慢半拍，或者曾经的风流韵事，而自己面对这些事情的时候是多么无奈，自己是怎么把你从别人床上拉回来等等等等。这些小道消息足足可以让在场的人听得津津有味，而把你变成坐在那里唯一一个被孤立的人。

第六章 别去试探女人的底线——出了她的界限，你就会在下一秒彻底下台

2. 成心不到场。既然男人在人前不善于给自己面子，那么作为女人会越来越不愿意跟他出门。她们如果真的生气了，会在某一天男人要参加重要场合必须有她陪伴的时候，采取先答应而最终不予出席的方式加以抗议。他们会有意让男人在那里一个人落单出洋相，即便是他怎么打电话找她，她的手机就是："对不起，您所拨叫的用户以关机。如有急事，请留言。"

3. 把自己捯饬成丑八怪。一般男人带女人出去参加聚会必然是希望自己能有点面子的。一般来讲女人会尽可能迎合男人的需求，尽可能地盛装出席。但经历了几次男人在人前的羞辱以后，女人的脾气就会在郁闷中见长。于是她们会有意地让男人自己先去约定地点，而自己到的那一刻必然会让所有人大跌眼镜。她们往往会把自己捯饬的颠三倒四，整个装束绝对与聚会者要求的模样有相当迥异的差距。她们会坐在男人边上一副若无其事的样子，倘若男人这时候问她为什么这么穿，她会无所谓地说："怎么样？陪你够了。我本来就一无是处，做不了最好，咱还不能来个最差么？大不了就再给大家填点笑料。"

当然，细细想来，这个世界上无非只有男人和女人两种人，你不给她面子自己也就未必能捞到多少面子。真正的好男人，常常为了维护女人的尊严，而自己心甘情愿的承受屈辱。即便是这样，大部分人还是会对他投去敬重的目光，认为他是一个可以为女人挡风遮雨的男人。假如有谁能够真的做到了这一点，相信不管是哪个女人都会不惜一切代价维护他的尊严，绝对不会让他颜面尽失的。

你吃碗里看锅里，她不给你剩一粒米

不得不承认，男人对于美女是没有太多抵御能力的。即便是自己的女人是个美女，看时间长了也不会对他造成视觉疲劳，反正每天都见，看时间长了也不过如此嘛。或许男人天生就有着这么一种猎奇心态。但凡大街上看见个美女绝对要停下脚步回味一下，甚至有些人还会忽视身边那位女人的存在。

当下最热门的一个话题是，男人吃着碗里看着锅里的风流韵事。平时闲聊也会时不时地听说谁交着一个女朋友，结果私下联系的女人还有若干个。更有男人在酒桌上调侃说当下一夫一妻制是违反科学的，如果要是名正言顺一点，自己也就不用这么偷偷摸摸的了。男人常常抱怨女人妖媚惑众，但自己劈腿神功也练的是相当到位的。曾经有个男人就坦诚地说："其实在男人眼中，到最后除了自己女人以外的女人都很漂亮。"

有些时候男人含情脉脉，觉得此时此刻拿住了她，她就会乖乖听你的话，就算自己有一天暂时放下这只碗，拿着筷子到锅里捞点什么，对方也会觉得他是迫不得已，一定是因为太饿了的原因。而事实上，女人不是都那么没心没肺，或许从一开始她们就知道自己命运究竟是什么样子。即便是她们不多说，但也不见得自己什么都不知道。在女人看来，假如真的选择了这号男人，跟其无休止的硬着来也没有什么意思。以卵击石，把自己磕的粉身碎骨正好随了人家的心愿，也真是件划不来的事情。但千万不要觉得她们就会这样一直懦弱吃亏下去，必定锅里的东西很多，手里没有碗也是接不住的。倘若男人永远保持着这样不专心吃饭

第六章 别去试探女人的底线——出了她的界限，你就会在下一秒彻底下台

的坏毛病，女人必然会抢过他手里的饭碗，绝对不给他剩下一粒米。

一吃饭未比喻，有的男人把自己的猎奇行动称作吃荤，一般来说肉对于男人总是很诱人，喷香四溢永远会比那不起眼儿的米饭强很多。但有一点必须承认，肉也是要放作料的，不管是酸甜还是辛辣，干吃时间长了肯定受不了，这时候忽然想起了米饭和水，却发现它已经长着腿儿不知道哪儿去了。这时候才开始着急，明明刚才骑驴找驴的看好菜的时候它还在，怎么现在就没影了呢？

如果说女人是男人手里的那碗饭，那她是绝对有权力决定你的饭量的。你对她好她必然会多给，那你对她不好必然会少给，但当你左顾右盼的行为真的令她难以容忍的时候，她也完全有权利选择不给。这一点可以说女人要比男人聪明的多，或许是出于与生俱来的自我防御能力，她们完全可以判断出什么时候该加饭，什么时候该没饭的时候，只要决定就会给你一个措手不及，等你真的缓过神来，对方早已经把一切处理妥当，准备带着这个饭碗儿到别的地方，彻底淡出你的视野了。

那么究竟女人会怎样彻彻底底地把你手里的饭碗剥夺，哪怕一粒米都不会给你留在餐桌上呢？现在就让我们看看她们不同小花招吧。

1. 铺平后路。既然发现了你这个毛病，知道你是在骑驴找驴，那自己为什么一定要让你骑着呢？于是有些女人表面上仍然谦和，与以前并无差异，但是自己闲暇时候已经开始搜罗更好的目标对象，在不动声色中将自己的感情进行了转移。尽可能地在男人将筷子伸向锅里之前早一些离开他。这样一来自己面子好看，对方既然已经做出了主观行为自己也就没有什么好说了。

2. 合纵联盟。作为一些大胆的女人，会以陌生人的身份，找到男人

倾慕的其它极为女人，想办法在其不知情的情况下成为朋友。倘若对方不知道她与你之间的关系，她会适时的邀请她们参加自己精心布置的聚会当面戳穿你的鬼把戏。如果彼此知道，就不妨闲聊中先通通气，看看他对不同的女人都说了什么样的话，然后大家内部真相大白后，必然会想个好办法协同作战好好地把你戏弄一番，然后各自随风四散飞。

3. 敛钱走人。既然知道男人是这样一位花心人士，当经历了一番痛苦之后女人的心就会豁然开朗。既然你是这么一位吃碗里看锅里的人，那自己也就没有必要花尽死心给你省了，与其省下来留给比人，不如自己先受用够了再走。从那时起女人开始肆无忌惮地向你提要求，逐渐让你觉得一反常态。她们会不断地让你给她们掏钱买各种东西，即便是现在用不上，也要想尽办法让你买完自己留着分手后用。等到自己吃好喝好玩儿好，存货也不少，也看见你钱袋里也只剩下那么毛儿八分而已，自己就决定带着这些好东西溜号了。

4. 让你颜面尽失。这招绝对是对男人长远发展的一种折磨。当女人发现男人是吃碗里看锅里的人时。只要下定决心，她就开始扮演整个闹剧中的一个最重要的角色。她时常会借机会找到男人的朋友工作伙伴乃至老总到一边私聊，先是恭维对方的女人很漂亮，自己是自愧不如。然后在阐明你的这个坏毛病，随后是不是的惊醒对方要看好家里的美女，因为现在谁谁家的女人就跟他产生了不正当的情感，自己已经早已见怪不怪，只是觉得对方家的女人是个好女人，万一因为这事儿影响到大家之间的感情可就真的不合适了。或许一开始别人并不会在意，也不会把这事儿当事儿，但既然这句话说出去了，作为人本身必然会有那么一根儿筋被提了一下，当对方再看到你跟他们的女人说话的时候，必然第一

第六章　别去试探女人的底线——出了她的界限，你就会在下一秒彻底下台

直觉是不开心的，时间一长一走心，你必然会受到他们的疏远。而正当你名声扫地的时候，她早已不知身在何处了。

正所谓，上有政策下有对策，女人的脑袋有时候未必就要比男人傻N多倍。之所以很多女人嘴上不说，不过是因为自己想装扮的弱一点，给男人一次彰显自己聪明才智的机会罢了。所以说，作为男人，这辈子最好都不要去制造女人对他的仇恨。世道太乱，鱼死网破的事情太多，一旦女人想动用智商疯狂一把，必然会让你始料不及。

别翻后账，否则她比你还能翻

男人大多时候是比较大度的，俗话说宰相肚里能撑船，计较的越多得到就会越少。尽管话虽然这么说，可并不是每一个男人都那么大方。尽管他们常常说好男儿内心豁达如四海，但小心眼儿的也不在少数。遇见事情别得罪了，只要得罪他，他肯定是会记你仇记一辈子的。尽管有人说，不计前嫌为盛世英豪。但也有人会把"有仇不报非君子"作为在世为人的一道行为准则。对于女人的那些让他们看不惯的事情，他们也常常秉持着一种君子报仇十几年不完的心态。尽管当时自己态度谦和地说自己已经不在乎了，但心里却在想："小样，你给我等着吧，这账给你记着，早晚都得找吧回来。"正所谓不是不要，时机未到。但凡和对方发生了什么矛盾，别然会将其后账依依倒腾出来，至少也要让她面子

上过不去才行。

或许有些男人觉得，自己这样做是很聪明的，抓住女人点把柄以后就可以高高在上无忧无虑地做自己的小太爷了。只要她有什么不对劲的地方，马上翻点旧账让她还，想必她一定会傻眼的。可是他们忽略了一个重要问题，女人究竟是何许人也？要知道她们可是翻后账的开山始祖，要说倒腾后账要比你清楚的多。由于性格原因，女人可以说是相当注意细节的，不论从观察能力，还是从整理能力可以说天生就比男人更胜一筹。从习惯来说，女人要比男人喜欢记日记，几月几号发生了什么事情，谁跟谁怎么样，花了多少钱，单据是什么样的，当时自己的心情如何，之后对方说了些什么，保证了什么，如果没有履行约定对方表示要负什么样的责任，为了证明自己决心对方做了什么事情，当时某某在场等等估计都会依依在上面呈现。相比较而言男人即便是一个记忆力相当好的脑袋瓜，在女人的烂笔头下也是不太跟进的。

飞兰和良哲结婚已经有三年的时间了，起初两人是通过自由恋爱才走到一起，可之后的生活却并不顺利。良哲看似高大魁梧却小心眼儿得要命，平时夫妻拌嘴难免会说写没经过大脑就出来的话，可他却每一句都记得特别清楚，只要是两个人因为什么小事起了矛盾，他必然会拿出这些话作为把柄来跟飞兰计较，争辩。

除此，之外对于财政为题良哲也是相当的小家子气。不管飞兰买回什么东西，只要看见了就会美好气：“哼！又买，上次买了一个什么什么，结果根本就没法用，这次又买，钱不是你赚得是吧。""怎么不是我赚的了？我每天工作是给人义务劳动去了？别站着说话不腰疼了，你说这个

第六章 别去试探女人的底线——出了她的界限，你就会在下一秒彻底下台

不成那个不成，你知道现在柴米油盐有多贵，菜有多少钱一斤么？就知道闲得没事翻旧账，谁都得有个失手的时候吧！你要不愿意，以后家里的一切买的东西，从锅碗儿瓢盆，水电煤气费，外加大件用品更换维修费你一个人全包，我什么都不管，自己还清闲了呢。""少来，你看看这个月你花了多少，我才花多少，你就是家里消费力最高的物种，养你真贵。看看从结婚到现在，你就在那里拼命的花，上次……还有一次……"听着对方无休止的翻旧账，飞兰越听越来气："你到记得都听清楚，不用回忆了，怕你脑子不够使，我这里每一天都有记录，你自己翻。哪天花了什么买了什么，我那天干了什么，你那天干了什么，全都在上面。你可以自己一页一页地翻，只要自己翻着别喷了血就成。"只见飞兰一瞬间把三个大厚本摔在桌子上。

良哲拿起来一看，天啊原来这个家伙平均每年都记这么一本后账，翻开一看，上面写着某某年某某月，飞兰回到家发现家里的存折不见了，结果问他他假装不知道，查明真相后，是自己低头承认存折是被自己拿去偷偷取钱准备把手机换成iphone4，但因为当时市价比较贵，害怕飞兰叨叨所以先斩后奏。某某年某某日，他半夜三更接了个电话出去，结果飞兰撩开窗帘看见他和楼下的一个女的站着说话，不知道说什么，当时飞兰描述自己心情很差劲，但不想打草惊蛇，所以只能静观其变。原因尚未明了。另外每天的消费发票单据，家中一天支出了多少钱，而每一次入账是多少钱，理财结余是多少钱，最后年总收益是多少钱，就连上次阿土豆黄瓜的市值都标得清清楚楚。看了飞兰的日记账以后良哲脸色在不停地变换着，最后在一番历史不忍细看的韵味下合上了账本，并暗自发誓从此以后再也不敢轻易跟这个难对付的女

人捣饬后账玩儿了。

　　无论是男人还是女人，心里都有一笔明白账，不用算就都大概知道自己做了什么对方做了什么。假如真的想在一起，有些东西还是不要总是没事儿瞎翻的好，必定过去的已经过去，即便是对方做的不会，你也没有那个本事做个时光机器让她回去把历史改写。倘若怎么都忘记不了，觉得跟这个女人在一起没有乐趣只有痛苦，那就不如今早的分道扬镳的好。但是如果你真的觉得还有必要和她在一起，就一定不要总犯旧事重提的错误。

　　历史会随着时间的流逝不断向前推进，今天会并变成昨天，而明天又是一个新的开始，如果总是将曾经的烦恼记挂到未来，那么我们整个生命历程必将没有半天乐趣可言。生活不是没完没了地在翻后账中度过的。当然假如你觉得时不时地翻翻只为给彼此生活带来点生活的作料也没有什么不好，必定时不时地想想过去，说说当年的糗事也是件很搞笑的事情。

　　总而言之，生活本来就是一笔流水账，不管你怎么算都没有百分之百的赚或陪。作为男人我们犯不着总是像个收租衙役一样，动不动拿着陈年旧账一定要跟身边的女人算清楚，如今这个时代已经不太实行秋后算账这一说了。相反对于账本，不妨试试揣着明白说糊涂的做法，只要你能自己先做到大事睁眼，小事睁一只眼闭一只眼，就算女人再比你会倒腾后账，也必然会看在你这么糊涂的份儿上不跟你嚼舌了。

第六章　别去试探女人的底线——出了她的界限，你就会在下一秒彻底下台

你骗她一次，她会还你十次

如果问男人女人之中谁最会骗人，恐怕百分之八十的男人都承认是自己。如果说女人在世界上首创了叨叨的噪声，那么男人创造的就是一个有一个说出来跟真话一样的谎言。有时候女人常常抱怨他们说出来的比唱的还好听，结果呢？轻度的放放你鸽子，重度的则直接成为女人心口上抹不掉的一道伤疤。其实不管是男人还是女人都是希望多听真话，少听点假话的。这就好比人做梦，梦得再好那也不是现实，人的每一天必然经历的是朝气而作日落而息的生活，梦再美只能说是一种消遣，可以脑子里想想，但千万别把它太当回事。

面对男人的谎言，女人常常很无奈。有些时候明明知道对方在满嘴跑火车，但也只能压抑着心中的郁闷尽可能故作淡定地听他把话说完。其主要原因在于，如果马上戳穿对方的话，势必会影响到两个人今后的长足发展。正所谓，小事儿他想自己幻想一下，就尽可能给他一个做梦的机会，但是大事儿是不得不过问的，一旦让她们知道男人犯下了什么让她们难以接受的事情，她们必然会以假一罚十的打假规则，对男人照章办事加以处理。

不得不承认现在许多男人都习惯撒谎，而且总是有自信将谎言说的滴水不漏。比如说有些人说自己公务在身，其实是不愿意回家。说自己没干什么坏事，其实坏事早就已经操作完毕了。除此之外，为了掩人耳目，男人最管用的方法往往是不仅自己要说谎，还得通找个人帮着自己

一起撒谎。

曾经有人做了这样一个实验，让一个女人给自己丈夫的几个男性朋友打电话。问对方自己的丈夫是否在他那里。而得到的几乎都是千篇一律的答案"在"。甚至有人甚还能绘声绘色地描述出这个女人的丈夫昨晚和他在一起都干了些什么，还有的人告诉女人现在她男人还在自己家里上厕所。而放下电话以后，便会听到这个女人丈夫的电话响起，原来那些男性朋友通通先后打来电话，告诉对方他老婆来电话的消息，并描述自己是如何答复的，并催促他赶紧回家。但一般而言，女人会在多打几个电话以后就会很快地进行思维判断整合，丈夫没到家便已经知道他是在让别人替他撒谎了。

不得不承认，能想出这种办法，还能够领导整个男性朋友协同作战，这绝对是一种彰显智慧的表现。但对于女人来说时间一长，便开始不由自主地把男人当成一个放羊的孩子，他就这么一说，而自己也就这么一听，最后干脆没在自己也不打电话问了，因为问了从对方嘴里也说不出什么实话来。

但对于男人说假话这件事情，女人还是很生气的。在她们眼中被男人欺骗与自己是一个十足的笨蛋是话大于等于号的。因此为了证明自己不是笨蛋，也不是什么都不知道，女人必然会采取一些行动，以此来向男人示威，告诉他们说谎这件事情人人都会，你不一定会比我技术更高明。

经纬和梦寒结婚一年多了，由于经纬每天都说很忙，即便是梦寒打

第六章 别去试探女人的底线——出了她的界限，你就会在下一秒彻底下台

电话想跟他说说话，他也总是推脱说在开会一会儿闲下来再跟他联系，结果往往是杳无音讯。一次，梦寒因为自己下班早想给经纬一个惊喜，便没有跟他打招呼自行去单位找他，结果等到下班也没见经纬出来，问了同事才知道他很早就出去了，根本就不在公司。

于是梦寒只好自行给经纬打电话问他在干吗。结果电话那头经纬却对她说："我在公司开会呢，有几个项目策划案领导还说要最终敲定一下，这边不知道什么时候能完，所以不能陪你吃饭了，你自己先找地方吃点吧，不用等我了。"听完这些话，梦寒气的欲哭无泪。她一个人回到家，回忆了结婚以来的整个经过，忽然觉得自己活得很不值得。于是决定用以其人之道还至于其人之身，让经纬也常常被欺骗是什么感觉。

于是，梦寒并没有声张，对他与其家庭生活依然如故，但一直也没有主动再给对方打过电话，此外自己也经常闲得没事找朋友出去闲逛，只要把家务收拾干净必然是不会在家待着。时间一长，经纬忽然感觉自己的老婆行为有点不对劲，于是自己打通了梦寒的电话："喂，你现在在干吗？"此时的梦寒正在午休时间跟朋友在QQ上闲扯，但接到经纬的电话后却假装严肃地说："啊？我现在有点忙，我在准备会议材料，你有事儿吗？有事儿隔个10分钟左右再打来吧。"经纬一听便信以为真，真的等了十多分钟再一次打过去，结果这时候的梦寒说："啊！我要开会了，宝贝对不起，开完会我找你吧。来不及了我现在得赶快去会议室。"随后把电话一挂，自己继续在电脑上玩儿QQ游戏。几次下来经纬觉得越来越不踏实，他晚上径自回家，发现屋子收拾得相当干净，一切料理的都相当妥当，就是不见梦寒人在哪儿。于是他没好气地打电话给梦寒："你现在在干吗？怎么还没回家？""啊？我一朋友心情不太好，

让我陪陪他，今天回不去吃饭了，你在家么？实在不行你看看冰箱里有什么自己热热吧。先这样，她又哭了。"只听见梦寒的那边的电话已经断开，经纬的心似乎掉进了冰窖里一般。

那天经纬一个人坐在沙发上等着梦寒回家，等也不开。等到梦寒回来打开灯，看见经纬一个人坐在沙发上看着她，不禁吓了一跳："你干吗不开灯啊？""你到底干什么去了？""不是跟你说了吗？去安慰一朋友啊！""你想着安慰她怎么想不起来安慰安慰我呢？我知道你根本没去。""难受啦？""你这是废话！""那你想想早先我是一个什么心情呢？"当梦寒将自己发现经纬说谎的事实和自己当时的心情讲述一遍后，经纬低着头再也不吭声了，从此以后他再也没有犯过类似的毛病。

女人常常抱怨男人是绝对不能相信的，她们常说："宁可相信世界上有鬼，也不能相信男人的那张破嘴"。而事实上，只要你仔细观察，女人在说谎的技术上也绝对不会亚于男人，倘若她们想用假话把事实隐藏起来，甚至可以这正做到把对方哄骗一辈子都不知道。由于女人天生比男人注重细节，而且小心谨慎往往会把口风把得很严，所以只要她们决心要把假话进行到底的话，绝对可以让你知道什么叫"打死也不承认才是硬道理"。对于女人而言真亦是假假亦是真，这就是她们说谎的本质。因此作为男人千万不要看扁了女人骗人的智商，也不要觉得即便是她想骗你，你也能识破他，以免一不留神上当受骗想吃后悔药可是买不到的。

当然，男人女人之所以走到一起，并不是为了在欺骗中博弈。万事都是有那么点相对性的，想让别人怎么对你，就要先怎样对待别人。倘

第六章　别去试探女人的底线——出了她的界限，你就会在下一秒彻底下台

若你真的愿意与女人以诚相待，相信她也绝对不会随便得用假话糊弄你的。相反倘若你真的让她感受到了上当受骗的伤痛，她必然会在有朝一日以十倍的分量来回报你。

她最需要你时不在，那以后也不必在了

曾经在一场话剧里看到一个女孩儿有段逗人的台词，大概意思是这样的："上学的时候我不爱说话，班里很多同学都欺负我，他们往我衣服上贴小王八，给我自行车撒气。我每天都很不开心，知道我看到了这样一个又高又帅的男孩儿，是他帮我把贴在衣服上的小王八摘掉，帮我给别了的自行车轮胎打气，那时候我觉得心里暖暖的……"

或许是因为女人天生柔弱的原因，常常会觉得自己孤身一人会很无助，需要有个人关心自己。每每在自己觉得需要帮助的时候，她们子渴望的就是有个男人出现，就好比小时候看的童话故事中，在公主面临灾难的时候，总会有这么一个骑着白马的王子出现来挽救她。可事实上，并不是每一个女人都能在那么寸的时间遇上那么一位时时刻刻能帮自己解决问题的男人。即便是真的谈了恋爱，现实中的男人也未必具备那么高的情商。现实中的他们对于女人的心思往往没有那么高的悟性，再加上时不时的工作太忙，忙脑地糊里糊涂时常忘记女人自己认为最重要的日子。因此时常招致女人的埋怨甚至是憎恨。

曾经有一个女人发出这样一句感叹:"有时候觉得,女人需要一个男人就好比是在飞机失事前需要一个降落伞包,如果此时他不在,那以后他也不必在了。"的确,有时候女人常常会在某一刻用感性的思维判断事物,有些时候即便是一个男人条件再优秀,再有智慧和才华,倘若在自己最需要她的时候他不在身边,她的内心就会激起诸多愤恨。倘若在那个关键时刻,出现了另外一个男人的身影,她会很自然地在感情上发生偏离,宁愿去追随另外一个人,而不愿意在对起初的选择付出太多的时间和精力。女人无助的时候往往是内心最脆弱的时候,倘若是在风平浪静的日子,即便是面对遥遥无期的等待,大多数女人多半还是会秉持起初的约定,无怨无悔的谨守内心的那份执着和矜持。但倘若这时候真的大风大浪都要压在她一个人的头顶上,此时的女人最向往的还是一个可以宽慰自己,为自己抵挡风浪的人。在那一刻似乎一个坚实的臂膀比一个遥遥无期的梦要实惠得多。

叶蔓最终还是和谈了长达十年马拉松恋爱的男人分手了。因为对方选择出国发展,长时间以来两个人的距离几乎隔了好几个海洋,尽管时常可以视频聊天,电话交流,或是书信来往,但总觉得似乎是少了点什么。

起初叶蔓觉得自己是可以坚持的,不管怎么说认识了那么就,他是什么为人自己也是知道的,但没有想到最终还是坚持不到最后。主要原因不在于对方的叛变,也不在于自己忍受不了等待与思念的折磨。而在于自己经历了很多无助的事情后,却发现自己一个人支撑得太累,根本找不到任何归属感。回忆往事,叶蔓总觉得自己那段日子是相当无助的,

第六章 别去试探女人的底线——出了她的界限，你就会在下一秒彻底下台

可就是这么痛苦的时候自己似乎难以从对方那里得到多少安慰和帮助。

就在春节的前夕，叶蔓的妈妈病逝了。那天陪在窗前真正关心她的只有爸爸和叶蔓两个人。尽管妈妈因为即将离去已经难以讲话讲得很清楚，但叶蔓却从她口型中看出妈妈很关心自己的终身大事，非常希望自己能在还能睁眼的时候看到女儿之后生活的着落。但这时候叶蔓哪里有能力能把那个远渡重洋的男人从那么远找回来呢？看着妈妈热切的眼神，叶蔓心里满是愧疚，最终急中生智拨通了一个一直对自己有好感的男同事的电话。因为她知道那个男孩儿跟自己的男朋友个头差不多，而且现在的妈妈视力已经出现问题，而且也确实没有怎么见过他几面，所以央求那位男同事能够假扮一下自己的男朋友，跟母亲承诺今后自己一定会对叶蔓好，以此来满足母亲最后一个心愿。最终男孩儿答应了叶蔓的请求，并很快赶到了医院，非常恳切的圆满了老人家最后一个心愿。

事情过去以后，虽然自己的男朋友也表达了自己的关心和惋惜，但叶蔓总觉得一切都没有什么意义了。相反她对帮助她的这位男同事感激涕零，之后两人经常接触，对方也常常对她照顾有加，无论是在工作还是生活上都给予了叶蔓莫大的帮助和支持。最终对方禁不住勇敢的对其说出了心里话："不管你觉得我那天是不是表演，但我自己是挺认真地去说的，我许下的承诺我觉得还是应该算数的，否则觉得自己必然会遭天谴。现在只看你愿不愿意给我一个机会了。"

起初叶蔓也很纠结，总觉得这样做是有问题的，必定跟自己的男朋友谈了那么长时间，并且对方也没有做什么对不起自己的事情。但或许是出于一个女人的软弱，叶蔓觉得自己再也不能忍受这么长时间以来一个人奔波的艰辛和压抑，就算是在自己最痛苦的时候，自己经历最伤感

的折磨的时候，陪在自己身边的人也不是他。看着这位男同事期待的眼神，叶蔓忽然觉得只有他才能给自己真正想要的生活，最终摒弃了最初的矜持，放下了原有的感情，牵住了另一个男人的手。

常常听到有很多男人说自己其实很专情，每天都在为两个人的未来努力打拼，为什么自己的女人会突然就跟别人男人跑了呢？或许这件事情对于他们来说很残忍，或许从他们的言辞来看自己是没有什么错的。但倘若你能够从侧面了解一下他们言辞中无情无义的女人，就会发现在她们的内心也是包含了难以用语言形容的疾苦。

曾经有个女人再自己另辟蹊径后说出了这样一段耐人寻味的话："我承认他并没有什么不对，但他却想不到我内心的疾苦。每当我看到别的女人收到男朋友送来的礼物的时候；每当我一个人去吃饭看到旁边的情侣互相聊天夹菜的时候；每当我受了冤枉气却找不到谁倾诉的时候；每当我遇到难事却找不到谁商量的时候，谁又会在乎我的感受呢？其实女人的需要往往并不在于过多的物质，尽管在这个世界上生存钱是一个必需品，谁也躲不开逃不了要为生计奔忙。但我有些时候只希望有个男人能抽出点时间陪我说说话，吃顿饭，在大街上随便漫无目的地走走。可惜就这么一点点小要求他都做不到。假如在女人生命中每一个最终要的时候他都不在，每个经历中第一个为她提供帮助的人并不是他，那对于这个女人来说他必然不会是最重要的，即便以前觉得很重要，从他可以被人替代的那一刻起他也就变得可有可无，甚至会渐渐淡出她的视线。"

女人有时候就是那么现实。因此，如果你真的爱她，不想放弃这份感情，即便是在忙也一定要抽时间陪陪她，即便是自己暂时不在也要尽

第六章 别去试探女人的底线——出了她的界限，你就会在下一秒彻底下台

可能地让她多念着你的好，如果你对于她来说痛苦多过于幸福，或是总是在她需要你的时候了无踪迹，那总有一天她会对你说："从此以后我的世界已经不再需要你了。"

你不让她开心，她早晚会让你哭

记得曾经有首歌是这样唱的："好男人不会让她心爱的女人受一点点伤……"的确，在女人看来，真正值得托付终身的男人，必然是可以让自己每一天都绽放幸福笑容的人。他会在自己不开心的时候快慰她，关心她，会在自己生气的时候想尽办法把自己给逗乐。总而言之，在女人心里人生自打有了这个人的出现，整个世界都开始变得与众不同。即便是在漆黑的夜里，他也能想办法让她看到点光明不远的影子。

但事实上，很多女人都在自己的日子里因为一个男人而活的一点都不开心。本来生活可以过的有条不紊，踏踏实实，可就因为这么一个男人的出现使她们的整个生活从此乱成了一锅粥。有人说："起初女人在未恋爱之前都是天使，因自认为寻觅到了真正爱的人才甘心情愿降落到地上，并忍着剧痛拔掉了身上的翅膀，只为和自己心爱的人长长久久是生活在地上，而不再给自己重新回到天上的机会。"按理说，女人对爱情有这么大的执着，本来是应该得到男人的珍惜和疼爱的，但事实上并不是每一个撤掉翅膀的女人都那么幸运。有些人的确在做出了正确选

择以后，与自己心爱的男人成就了一个充满爱的人间天堂，而有些人却因为目标不准确而直接将自己深陷于水深火热的地狱阴霾。

　　女人本身就爱哭，十天有五天不忧郁已经算很健康的了，假如她因为你的存在不但没有把开心的感觉延长，反而把本来应该开心的时间都给整光了的话，女人必然会觉得浑身上下都不舒服。要知道人都是有那么一股子逆反心理的，曾经有个女人就曾经潇洒的总结自己对男人行为策略："只要他不然我开心，我就不让他开心，只要他一不开心，我就自己到别的地方找开心去了。"由此看来女人不开心起来对男人也是一种灾难，因为你不知道这种神经质的动物下一刻要做出什么非常举动嚼瑟你，即便她平时是一只温顺的小兔子，你根本不会担心她有任何伤害自己的能力，但是请不要忘记兔子着急以后咬人也是很疼的。当女人被你整的因为过分忧郁而慢慢走向极端，早晚会制造出一些让你泪流满面叫苦不迭的事情来。

　　雨欣一直是一个温顺乖巧的女人自打认识男朋友新杰以后始终本本分分，按说像雨欣这样听话脾气好，衣着也没有袒胸露背，没前科也挺专注于感情的女生在这种复杂的社会里已经是难能可贵，到了哪个男人手里都是应该珍惜的。可倒霉的是新杰却并没有觉得自己有多幸运，相反他总是会有意无意的折腾戏弄对方一番。不管是找点话刺激一下她也好，还是跟别的女人彼此示好，总而言之每一次雨欣都会为此而难过。尽管有些时候自己也觉得这样下去没什么意义，但每次事情闹出来以后雨欣都在对方的诚挚道歉下转变了想法。"或许他那天喝多了？""或许他心情不好？""或许他只是做做样子的？"总而言之，每一次难过的时

第六章　别去试探女人的底线——出了她的界限，你就会在下一秒彻底下台

候，雨欣都会这么说服自己。也正是因为这样，新杰似乎被她养成了一种习惯，觉得不管自己之前做了什么事情，只要时候可怜巴巴地去赔礼道歉一切就都搞定了。因此对待雨欣的包容他不但没有收敛，反而将诸如此类的事情愈演愈烈。

一次雨欣正在家里收拾东西，不经意地往窗下一看正巧看见新杰搂着个女人从自家楼前的街面上经过，那怜香惜玉的表情仿佛从来都没跟自己用过。这时候她的内心忽然觉得长时间以来自己真的挺累的了，如果自己在他面前根本不算人，只是用来玩味的工具，继续下去又有什么意义呢？于是她终于下定决心彻底离开这个男人，离开这段记忆，再也不要被这样来来去去的痛苦纠结缠身。

于是她开始在一些婚恋网上寻觅目标，经过多方选择找到了一个心仪的人选，尽管觉得有些虚幻，但两个人还是见了面，经过长时间的沟通雨欣觉得虽说这个男人并不算优秀，但相比之下还是对自己很在意，不会像新杰那样反反复复的折腾自己。自己也不用担心，下一秒会出现什么自己不愿意看到的事情。当她觉得与对方相处还算合拍，便直接跟新杰摊牌提出分手，本来这一次新杰依然认为她会在自己的掌控下回到自己身边，但没有想到雨欣是如此坚决。

此时，新杰忽然想起了以前的很多事情，想起了雨欣的很多优点。他头一次很认真地对她说以后自己再也不会犯同样的错误，真的希望她能留下来。可是雨欣却摇摇头说时间已经很长，就算自己真的留下来他真的可以痛改前非，自己也已经对他存在了多年的心理阴影，这层阴影可以说冰冻三尺非一日之寒，是很难彻底化解的疾患。这种疾患将直接导致两个人之间会在相处中出现无数的障碍，自己甚至到现在已经没有

把握是不是还可以像早先一样心无挂碍全心全意地对他。所以过去的事情不如就让它过去，或许彼此分开才是一个比较好的选择。看着雨欣远去的背影，新杰头一次为她掉了眼泪，但这似乎也只能是最后一次了。

其实，男人爱上一个女人是很容易的事情，而让一个女人从心底里踏实安稳，从此以后甘心情愿得为你付出却是一件相当不容易的事情。假如一个男人在拥有一位爱着自己的女人时不去珍惜，那她必然会在内心无法再容纳伤痕的时候离你而去。其实女人起初都是善良的，对待自己喜欢的人更是会不断地为对方着想。由于她们对于爱情相当在意，所以才会在男人无心犯了错误以后，以一颗豁达的心去包容他。但假如你给她带来的每一天都包含着灼伤的痛苦，那她们必然会在积攒了无数不开心以后，让你彻头彻尾的因为自己所做的事情掉一回眼泪。

的确，有时候在男人的眼中女人是很傻很好糊弄的，只要自己温柔一点点她们就马上会转过头来回到自己身边。或许在很多男人眼中自己是非常了解女人的，但事实上并不是这样。人们都说男人天生是要包容女人各种坏脾气和神经质的思维模式的，但从另一个角度来讲，女人又何尝没有安静地去包容你呢？当你为一点小事暴跳如雷的时候，当你被别的女人深深吸引的时候，当你把她当成花边新闻一般的在朋友面前来回调侃的时候，她真的未必什么都不清楚，什么都不知道。正所谓，弹簧压得再低也会有弹起的时候，心里的火不管你用多少层纸包裹起来都免不了燃烧殆尽的结局。所以，假如你真的不想让这种悲剧出现在自己的生活里，不愿意让自己心里想的那个人离你而去，平时就尽可能地对她好一点吧！必定很多事情容不得后悔，不要等到一切几乎成为定局的

第六章　别去试探女人的底线——出了她的界限，你就会在下一秒彻底下台

时候才哭着说："其实我还是很喜欢她的，我就从来没想到过她有一天会离开我。"

千万不要无视她的存在

人生在世，不管是谁都是渴望受到别人重视的。男人如此，女人也是如此，而且相比于男人而言，女人是更渴望得到别人的认同和肯定的。倘若她们在仕途上不够顺利，长期处于不得势的状态时，心中最大的指望就莫过于拥有一个完美的婚姻生活了。必定除了极少数的女人在仕途上拥有相当强大的野心外，更多的女人还是会把生命的中心转移到家庭上。倘若这时候自己的男人也忽视自己的感受，无视自己的存在，那对于她们来说无异于是一个沉痛的打击。

是啊！当一个女人缺少了男人的问候与关怀，就会感觉内心倍感伤痛，仿佛男人不爱自己了，时间一长就会因为过分忧郁想一些根本没有发生过的事情，有些人会想象有另外一个男人，长着自己看好的一张脸庞，在自己虚拟的想象中他常常会在关键时刻出现，慢慢就成了这个女人的一种感情寄托。尽管在他们的想象中生活如此精彩。但现实生活中的这个男人却很难给予她想象中那一位的关心，最终很多女人就会好似病态一般的逃避现实，宁愿将自己置身于虚幻的真挚爱情之中，再也没有了谈恋爱的欲望。其实早在很早以前女人就将最诚挚的爱和渴望被爱

的渴望全部对其表达过很多次，假如对方真的能够明白她们内心的渴望并最终为这个陪在身边的女人营造出一中"你是我这个男人的唯一的"的成就感。那么这个世界上以感情淡漠为理由提出分手的男女必将会降低相当多的百分点。

一天来，晴晴的心里很不好受，一直在生男朋友思屹的气，她感觉他做得太过分了，没有给她最起码的尊重，感觉他越来越不在乎自己了。这样的感觉在心里一直存在，仿佛有什么预感一般。

这天，晴晴有点事情，不能去上班了，因为思屹上班的时候经过自己的单位，所以晴晴就麻烦他去给自己请个假，这样，自己可以在时间上就充裕一点了，没想到思屹却说："你自己去吧，你请假我去算什么啊。""单位的人都认识你，没事的时候，你还经常去玩，怎么给我请假就不行了，也不会耽搁你太多时间。"可对方似乎态度很解决说："还是你自己去比较好，就这样，我走了。"说完，推开门就出去了，只剩下婷婷一个人站在屋里，好久都没反应过来，心想这是怎么了？过去，自己说什么他都能去做的，现在不管说什么，他都根本不考虑自己的感受，只是顺着自己的心愿想干吗就干吗。于是没有办法，晴晴最终还是要自己去请假。到了班上，同事们还说："你还亲自来啊，你老公不是总要经过这里，让他上来说一声不就行吗？"其实，晴晴单位上规定的请假必须来人，不能打电话。一听别人这么一说，她心里更是感觉委屈，更觉得他就根本没在乎过自己。不过，她并没有说什么只是笑笑，必定总不能在外人面前说他的坏话吧。

回家后，晴晴的心里一直不舒服，总感觉自己的生活怎么会是这样

第六章 别去试探女人的底线——出了她的界限,你就会在下一秒彻底下台

的呢。起初跟他在一起还挺开心,但现在却与自己的理想差得那么遥远,而自己还真是没有思想准备,选择了这样一个男人只能自行去忍受了。不可否认,她其实是很爱他的,只不过她不知道他还不是真的能感觉到,至少从他的当下的表现上来说,是怎么也看不到他有多少爱意的。

思屹每天走进门往往不会太跟晴晴打招呼,自己静坐在沙发上摊开书和报纸一点没有声音地看着,屋子里常常是一片寂静,是不是才会出现两下子纸被翻看的是声音。晴晴在与不在他似乎都是这个样子。于是晴晴开始走到他面前问他到底是不是真心对自己,但对方只是冷冷地对她说:"你这是怎么了?我都是你老公了怎么可能不认真对你?""那你为什么对我的事情从来都是不闻不问,我哪儿得罪你了,让你以这样的冷暴力对待我?""冷暴力?我没有啊,我觉得我一直都很在乎你,但大家都不是小孩儿了,有些事情总该要自己的处理的不是吗?""那你也总该时不时地问问我究竟有什么事情没有?为什么要请假?"

思屹说:"能出什么事儿?又哪儿不舒服了?""没错我是去了医院,而且还检查出自己怀孕了。"思屹一听兴奋地从沙发上跳下来:"真的吗?那咱们赶快登记办手续吧。""不了,很对不住你,我已经把孩子打掉了,今天等你回来就是要谈谈咱们分手的事情,既然你根本就不知道怎样让一个女人觉得在家中有存在感,那么这样的生活也该中止了。"

世间不知道有多少恋情就这样在彼此的冷漠中化为乌有,因此,男人千万不要无视女人的存在,一定要学着去关心她,至少让她知道她在你心中是如此的珍贵。一个男人注重事业是没有错的,但你忽视了自己的女人,就真的是大错特错。假如你能够真正意义让她有存在感,那你

在她心中的位置也不会发生改变。假如一个男人连自己的女人都没有照顾好，和女人的关系都没有处理好，要说你还能做成什么，恐怕还真有点难度。再者说，家庭是每个人心中必不可少的一部分，甚至是自己人生中最重要的一部分，而女人绝对是唯一能和你相伴到老的唯一人选。从某种角度来说，女人的感受直接反映了男人的成就，假如你能够让身边的女人觉得自己没有选错人，觉得每一天都很幸福，那么相信你的事业生活都不会差到哪儿去了。

第七章

别低估了女人的审美

——她们从一开始就知道，自己想要什么样的男人

她向往冷峻的外表温暖的内心

在每一个女人的内心都有这么一个完美男人的雏形，在自己的审美中尽管嬉皮笑脸的幽默男能够给自己带来很多快乐，却总是觉得他跟所有人都是那副德行，自己并没有享受到什么特权，也不知道对方对自己是不是真的有感觉。情意绵绵的男人常常说出来的话酸的自己倒牙，听完了没有感动而是惊起一身鸡皮疙瘩，总是怀疑话里面有多少真实的成分。老实巴交的男人脑袋不够灵活，太老实的往往很懦弱，没出事儿的时候风平浪静，但一出事儿肯定是靠不住的。太爱花钱的男人很大方，但是太大方等于败家，现在给自己花钱很享受，真的结婚自己肯定就是难受。悟性太低的男人也许会跟自己相伴到老，也不会干出什么自己不愿意看到的事，但是他似乎长久以来都要跟自己发生沟通矛盾，根本听不懂自己到底在说什么，因为脑袋不会转弯，听不出你生气还是高兴所以常常会干一些不着调的事儿，说一些不着调的话，总而言之跟他们一起生活的话感觉应该就像是一道数学题，一步步只有逻辑推理，却没有什么感性的结果。

看到女人这样挑三拣四，估计作为男人的你必然会一脸迷茫，究

第七章 别低估了女人的审美——她们从一开始就知道，自己想要什么样的男人

竟女人到底需要一个什么样的男人？别告诉我什么男人都在她们眼中有那么一大堆毛病，莫非要天下所有男人从此看破红尘，统统的独身主义么？其实也不然，只要你能够尽可能地在恋爱之前知道对方脑海中那个优秀男人的雏形，尽可能地将其间的完美特质表现一二就完全可以吸引她们的目光了。

不得不承认，想应和一个女人的审美观是很不容易的。有些男人觉得自己长得很帅，女人不用找就会送上门来，可是在有些女人看来越是这种人越是很难亲近。因为这样的人会让自己很累。必定有时候女人选男人就好比是飞蛾扑火，哪儿亮就都往哪儿飞，飞的多了就会打架，而自己似乎真的没有那个打架动力。假如这时候对自己的选择还糊里糊涂，时不时地还给别人留着那么点希望，必然会让别人顺着杆儿往上爬，爬的多了竹竿就会断，到那个时候，就连自己也得摔得粉身碎骨才算完。

有些男人觉得自己才华和工作都很好，完全可以满足一个女人的客观需要。可总有那么一些女人会觉得自己你不合适，并不是因为自己眼光多高，主要原因是自己觉得自己真没你那么高的境界，跟你一起待着也没什么好聊的。例如有些时候她只是想闲聊一下自己看到有意思的事，结果你动不动就要剖析一下她所说的现象，一会儿又人类学，一会儿又社会学，一会儿又哲学发展史的，那必然会把她听得一头雾水，不知道怎么接下茬。对于你能赚钱的工作，她说不定还会担心，因为越是赚钱越多的工作就越是忙，越是顾不到自己。而且由于自己工作太好又太忙，他们往往觉得女人上班赚的那点钱是九牛一毛，所以天天劝着她当全职太太伺候自己。自己明明很喜欢自己的工作，结果非就不让干，结果不让干时间长了男人必然觉得有优越感，觉得自己可以一手遮天，

天天让女人体味手心向上的悲剧感觉，想干什么都必须经过他的同意，会让女人自己觉得低他一等，越来越像是个家中保姆。

　　一个女人选择男人就是这么奇怪，按照客观规律她们可能会跟各种各样的男人都能成为朋友，但却很难把他们当成男朋友对待。相比之下她们最终选择的往往都是一些相貌严肃冷峻的人。这种人表面上不够言笑对谁都会不由自主地保持一段距离，在朋友眼中他总是若即若离的，但做起事来相当专注。当然仅仅是这样也是不够的，要知道女人的观察能力是相当强大的，我们会在相当远的距离，选一个最好的角度来观察你看看你对待别人的态度，在她看来假如一个男人外表冷峻，内心却很温暖自己还是相当青睐的。虽然有点特立独行，但只要别人跟他说什么，必然会想办法帮对方解决问题，而不是总坐在那里吹嘘说大话，真的办实事的时候就跑的没影儿了。他会很关心他觉得值得自己关心的人，对自己的父母照顾有加，将钱花在自己认为最重要的地方。在女人看来，这种人在很多人看来第一印象可能不会给个及格的分数，但假如谁能真正成为他生活的一部分，他必然不会让你受一点委屈。他们思维清晰，特别知道自己该干什么不该干什么。因为对外面总是很严肃，自我距离感很强，所以从另一个角度来看这种先天的毛病也是可以让自己相当放心的。

　　尽管不同的女人在最终会将自己的终身托付给不同性格的男人。但在她们内心深处最向往的是一个任凭落水三千只取自己一瓢饮的男人。不管男人还是女人，即便是在具有分享精神，但总有那么几样东西是绝对不能用来分享的，其中有一样就是这辈子要和自己走到老的人。因此，在这件事情上，即便每个女人应对的方式不同，但目的必然是非常统

第七章　别低估了女人的审美——她们从一开始就知道，自己想要什么样的男人

一的。

如今时代诱惑太多，人们的心态也在不断地的变化着，作为一个女人想让自己一辈子安全还真的很不容易。之所以会选择冷峻的男人是因为他们因为性格因素是很容易具备自控能力的，由于平时本身就是一副冷冷的左派，所以即便是长得好也可以有效的折煞一部分女人关注的欲望。或许在她们看来自己应该是唯一知道他们拥有温暖内心的人，即便是不善多言，却总是能在关键时刻帮助她做出最正确的选择，尽可能地给予她关心，告诉她："你就是真正在我心里永远要存在的人。"那么你必然会获得女人的仰视，把你列为自己托付终身的重点培养对象。

她青睐与自己品味志同道合的人

相比于男人的审美来讲女人似乎本身就应该技高一筹。如果说男人会用自己的眼睛感受到女人的美感那么女人则恰恰就是靠着智慧创造出这种美感的人。尽管由于社会的影响，自古以来真正流芳百世的艺术家多为男性，但在他们的画作中常常画着不计其数婀娜娇美的女人，宛如画上的女人与自己的心灵有着某种共鸣一般。因为喜欢所以才会用心去描绘，想必画中人至少在那一刻与这位作画的男人是有着志同道合的共鸣之处的。

假如你可以尝试多问几个女人："如果说一个前面排列着各种各样

男人的特质，财富，才华，温柔，共鸣，包容，英俊，勇敢等等，而你只能选择一样的话你会选择哪一个。"或许她们会以各种形容的方法表明自己最渴望找到的是一个与自己品味大相径庭志同道合的人。

　　从古到今，不同的时代都有着情侣之间应该把持的审美标准。但不管标准怎么变，能够最终和谐相处的必然是要有一定共同点的人。其实，在女人心中早已对自己有一个评估，究竟自己的品位是什么样子，喜欢什么样子，不喜欢什么样子，适合什么，不适合什么都是相当清楚的。这似乎是上天早已经恩赐下来的天性，即便是自己妄求颠覆，把别人的感觉转移到自己的身上，也很难表达出与对方类似的感觉。

　　正所谓世界上没有两片相同的树叶，每个人都是独一无二的，假如真的要让两个人一辈子过在一起，必然是要彼此产生某种共鸣的。中国有句古话："志不同道不同不相为谋。"如果一定要强制将两个性格和品味反差极大的人安置在一起那结果是痛苦的。相反，倘若两个人有着很多共同语言，都喜欢运动，都喜欢看书或者喜欢一样的色彩，喜欢吃一类食物，对某一事物都抱有着一致的看法和观点，那么相对而论这两个人是更容易走到一起的。

　　王静27岁以前从来没有谈过恋爱，她的生活始终是在恬静中度过的。每天下班回来，她会每天送给自己一部电影，伴着浓浓的奶茶香品味书中的唯美的墨迹，时不时地和几个朋友聚在一起泡泡咖啡馆聊聊天，一起逛逛街吃个饭，或是在家一个人研究自己感兴趣的问题，比如历史，字画，玉石，养生。她常常说自己很享受这种生活，虽说自己不排斥恋爱，但也绝对不能因为该恋爱了就把自己无端的忽悠出去。

第七章　别低估了女人的审美——她们从一开始就知道，自己想要什么样的男人

这时候有朋友问她："那你认为什么才算是志同道合的人呢？"王静说："其实，很简单，主要一点就是两个人能真正做到合拍。比如我明明喜欢安静他却是一特别好动一天到晚在家放重金属音乐的人。或者我明明喜欢从书中寻找乐趣，可对方却是一个根本就懒的翻一篇纸的人，对文字有着一种天生的抵触情绪。再比如我明明喜欢穿的肃静一点，结果对方特别喜欢穿得花里胡哨感觉很嗨的样子。那这必然是让我接受不了的，因为感觉两个人在一起根本就没有什么共同语言，完全是被生拉硬拽到一起一样，根本没有什么乐趣可言。在我看来，这些男人也不能说有什么不好，只能说安置在我这里应该不是特别合适，假如他们选对了和他们兴趣爱好搭调的人，必然可以过得很开心。"

最终在够然的机会，王静终于遇到了生命中的真命天子，他是一个做古董字画的小商人。对中国古典文化可以说相当了解，两个人第一次见面就非常默契，从早上见面就一直在说不知不觉说到了晚上八点还不愿意说再见。王静说："我觉得这个人真的是我一直在等的人，现在我们几乎失眠都是同时的，作息时间似乎都一模一样，假如我们俩出去买东西，不用相互告诉伸手就会拿同样一件东西。其实我也不相信人生会有这么巧的事情，但我却竟然就这样遇到了。现在我们过得很开心，我曾经以为这辈子都会一个人度过的，但如今自己恐怕不得不因为他的出现而改变想法了。"

或许女人就是这么一种靠感性判断是非的动物，当她们遇到与自己有所共鸣的异性的时候，必然会对她不由自主地特别关照起来。他们会越聊越多，越聊越对对方深深打动吸引，越聊越觉的心走的越来越近。

总而言之，两个人只有在共鸣的情况下才能产生世间最唯美的感动和爱慕。而正因为有了这种爱和感动，才会让他们完全沉浸在心无旁人的境界中，不管发生什么情况都不会轻易选择离开对方。

或许对于一个男人来讲，当你第一次看到某个女人的时候，在自己的意识里只是觉得她很符合自己的审美要求。如果再说的深点就是觉得有眼缘，觉得自己脑子里那个人似乎就应该长那样的。即便是美女很多，但一眼看上去，男人也是可以分辨出哪一位是适合自己的而哪一位仅仅是只能过过眼瘾的。但即便是如此，他们也不会妄下结论，而是要进一步地对她进行了解，才会选择究竟要倾注自己多少情感。

由此看来，不管是男人还是女人，感情都是因为内心存在着某种共鸣才会走到一起的。如果说人与人之前没有过节，毫不相干，那么共鸣就是那块将两颗心吸到一块的磁铁。所以，让我们姑且相信女人的判断，也相信自己作为一个男人在选择面前保持的客观理智，必定能到一起的人一定最是合拍的两个人。女人青睐的是与自己志趣相投，志同道合的男人，而作为的男人的你要是真的想认真一次的话必然也会按照这个方向去寻觅吧。

她向往自由，也享受有人领导的感觉

倘若问及自由话题，百分之八十的女人都会对它产生向往。面对自

第七章 别低估了女人的审美——她们从一开始就知道，自己想要什么样的男人

由她们侃侃而谈，抱怨天理不公自己干什么都受男人限制，结果最终除了洗衣做饭看孩子这辈子什么事情也没做成。但事实上，在女人的心中还是渴望一个有主意的男人，尽管她们总是渴望随心所欲，却在内心深处向往着别人的领导。这虽然看似矛盾，却在她们人生的每一天不断演绎着。

每天女人都在抱怨自己受到男人的限制，请个男同志吃饭被批评回家太晚，买个东西被他们训斥太能花钱，想做点事情被他们天天压制说自己野心太大。总而言之，作为女人高了会给男人压力，低了又被他们轻视，究竟该向左向右，往上爬还是向下出溜，真的很难掌握分寸。必定并不是每一个女人都是智者，有些时候在感性的引导下她们的行为智商基本上接近于零。因此如果你一定要她们达到你的基准要求，几乎是不可能的。

尽管男人和女人在关于自由的问题上天天产生争议，成天因为互审互批而彼此纠结，但在女人的心目中有人管相对于美人管而言还是好的。在女人看来，男人天生就比自己方向感强，即便自己真的在某些方面阅历丰富，打心眼儿里还是希望有人领导自己。事实上这是一种压力的转嫁，只要自己不拿主意就不用花那么心思，只要执行方面准确无误，剩下动脑子的纠结的事情就可以一推六二五的交给你去做了。尽管有时候备不住要听听男人的抱怨，说自己什么都不行，大事儿小事儿都得他恨不得撞墙的去想，但只要码撞墙的不是自己就对了。这种想法虽然很自私，但也实属无奈，过分爱拿主意的女人常常让男人觉得有失尊严，假如自己每次都要将男人的想法扭到自己的路上，而实践证明每一次选择都很正确，那他更是觉得自己没有存在感。因此，不少女人会选择在

没有男人的时候自由消遣，再有男人在的时候小鸟依人。这并不是说她们有什么不忠诚的行为，只是觉得生活需要自我调理动静结合，事实的嚣张一下感觉一下什么是自由，回家听凭男人组织调遣也觉得不是多亏的事情了。

女人就是这样矛盾的动物，有人管她，她觉得不自由，没人管她，她又说自己凄凉的无人过问。总而言之，她总是有理由自我纠结。对于这个问题，有位领导人说过这样一句话："世界上没有百分之百的自由。"世界过分自由会乱套，女人过分自由也会觉得百无聊赖。曾经有一个女人在离婚前天天抱怨老公看着自己，于是办理了离婚登记，结果离婚以后自由地爽了两个星期就开始郁郁寡欢，问其缘由她却掉着眼泪说："我就不明白，怎么没人管我啊？"这时候很多男人会说："晕死，这不是你想要的生活吗？"但一根筋的你一定不知道，女人会在过分自由的情况下丧失安全感。事实上某些时候，男人也是如此的。

其实，打人类开始进入文明社会那天起，男人就素有领导女人的天性。按照《圣经》交易原则的要求，男人必须想爱惜自己生命一样爱惜自己的女人，必要的时候不惜生命。而女人除非对方做了不忠或有失教义原则的事情以外，一定要无条件顺服男人的管理，只有建议权，没有决定权。从古到今，男人似乎一直都是女人的头，这本来就无可厚非。必定不管从精力上、思想上还是体力上男人似乎都要比女人强大高明一些。倘若我们可以剖析中国的"人"字真意来讲，一撇一捺间也道尽了男人与女人之间的关系。

在"人"字中，男人就是一撇，女人就是那一捺，一撇挺直着腰板，斗志昂扬貌似坚不可摧，而一捺则拖着一个长长的衣裙静静地靠在一撇

第七章　别低估了女人的审美——她们从一开始就知道，自己想要什么样的男人

的身上，衣服小鸟依人的依附状态。由此看来，在古人造字之时就已经廖明的女人要听凭男人领导的关系，从字体的意思来看，女人依附的感觉实属心甘情愿的享受状态。一撇一捺间勾践了一个人的稳固三角形，意味着只有这样的生活状态，社会才能安定，男人女人之间的关系才能融洽，才会真正有幸福可言。

既然男人和女人的社会关系已经进行了确定和分工，千百年来辈辈延续，即便到了现代阶段由于受到女人渴望依赖天性的影响，即便自己再强大也仍然领受渴望男人的引导。在她们看来小自由是需要的，倘若一定要做什么，或许她们会选择做天生的风筝，时不时地感受一下自由飞翔的感觉，轻松明快的自我消遣一把，但最终自己还是希望有跟线拴着自己，告诉自己什么时候该收兵，到了什么地方需要转变方向越过不必要的障碍。与其说没有自由的过程，不如说是在假想的自由中享受被领导的生活。

世界上没有哪个女人是希望看到自己没有人管的，她们可以在一天把自己的银行卡刷成零，但也还是没事儿找抽般的希望以此让对方批评一下才心里舒服。她们可以一天在外面渗着不回家，但还是希望有人气急败坏地问问她们不回家是不是找收拾。她们可以有意无意地接触点别的异性，却绝对不希望自己家里那位一滴醋都不沾。总而言之，从这些角度上来说，女人和男人有着很多类似之处，很多事情之所以要那么做，无非是在自己有消遣一把以后引起对方对自己的正确领导意识。倘若你一定要让她在无拘无束的日子里长久消遣，那她必然会在忧郁中失去自我平衡，急需要一个维系稳定的重心。假如这时候你没有做好这个重心，说不定她们就会发生未知偏移，继续去寻觅自己的平衡点去了。

你家多有钱不重要，重要的是你会不会赚钱

随着改革开放这么多年，有一批中国人在国家政策支持下提前富裕了起来，通过自己的努力创造了富裕的生活。尽管他们很努力，为自己的后代创造了很广阔的发展空间，却没有想到自己的孩子有没有能力顺利地继承自己的衣钵，将家业更好的经营下去。

古来就有这样一句话："攻城容易，守城难。"历朝历代，人们往往记住的是开国的那一位，他们励精图治，打拼天下最终坐稳了自己的江山，发展了经济振兴了整个家族。但可悲可叹的是，即便是皇族也必然会经历从兴起到没落的整个阶段。人们常说："穷穷不过三代，富也富不过三代。"客观地讲，即便是当今社会很多处于富二代阶段的年轻人都难以担当父辈给予的传承厚望。由于从小到大，家庭条件优越，也没有受过多少历练和挫折，因此很多富二代孩子，始终贪图享乐，从来没有锻炼出什么赚钱的本事。

有些男人认为自己自身家庭条件优越，有房有车吃喝不愁，必然会有女人上赶着要嫁给自己。不得不承认，很多女人由于各种原因确实会有这种往这种人身上贴的欲望。但细细想来，她们真的是看上他的人吗？与其说是这样，不如说她们看上的不过是他们享受的那种纸醉金迷的生活，她们渴望开着名牌跑车，背着几十万一款的名牌包包，出入豪华的娱乐场所，享受一下上等人的生活。或许在某一时段，因为这个男人家底的特殊关系，以及贪恋美色的特殊需要，的确可以满足她们所有物质上的欲望。但对于一个女人而言，这一切不过是为了自己的需要，

第七章 别低估了女人的审美——她们从一开始就知道，自己想要什么样的男人

她们表面上对对方含情脉脉，百依百顺，但内心未必真的会投入多少感情。

我们可以说，这个世界上真正有脑子的富二代绝对不会找这样的女人，之所以这两类人能拧巴到一起必然都是因为没有太高水准导致的。从事实上来讲真正理智的男人，在选择女人方面相当慎重，越是家大业大就越会从各个角度去权衡考察。因为婚姻关系一旦成立，就代表着两个人要承担起一个家族的使命，所以首先这个女人绝对不能是个拜金主义，也绝对会在各个方面对自己起到一定的协助作用，他们绝对不会轻易地烧包做一些类似于暴发户彰显阔气的事情，而是会与这个女人一起将注意力转向自己的事业上。而对于一个有理性的女人来说，也同样是如此。她们对于男人的选择不在于男人的表面，更不在于他有多少钱财，相比之下她们更愿意注重男人的长期发展。在女人看来，自己注重的不是男人的家里的钱，而是他们有多少赚钱的能力。

曾经有个离了婚的女人这样讲述自己的故事：

当初自己是省城里长的最为俊俏的姑娘，因为名声在外，最终被一家在当地很有权势的男孩儿相中，一定要娶她进门。由于起初那男人很会哄自己开心，只要自己想要，马上就可以实现她的欲望，由于当时年龄尚小觉得这种生活实在是自己太想得到的，于是自己也就同意了这门婚事。

婚宴办得很隆重，而且自己家里也收了南方不少彩礼，自己可以说是风风光光地过了门。由于对方是家里的独生子，而自己又是这个独生子的媳妇，按当地讲究女人嫁给这样的家庭，只要肚子争气就一切都搞

定了。婚后丈夫对自己疼爱有加，继续哄她开心最终使她相信她是世界上最幸福的女人。必定自己文化水平有限，能过上这样的生活，有一个这样的老公已经算是幸运了，还奢求什么呢？

但好景不长，在她过门的第三年，丈夫家里突遭变故，一下子几乎倾家荡产。而她们小两口也不得不因为资不抵债而从别墅搬出来自己租房住。更糟糕的是，打过门其女人就发现丈夫是一个不务正业的人，尽管没有什么不轨行为，但对于赚钱的能力可以说几乎为零。这时候她突然觉得，以前他有钱天天在家陪自己玩儿挺不错，但现在家里这个样子，他还是什么都不干，两个人就这样每天在家耗着。丈夫天天打游戏，自己则坐在那里愁眉苦脸地看电视，就这样仅有的一点家底也日渐走光。再加上两个人以前生活太过奢侈，现在即便情况有变也不知节省，最终本来和睦相处的两个人就矛盾越来越多，以至于不得不走上离婚这条路。

这时候，女人忽然感叹道："假如可以重新选择，我一定不会选择这个男人。当年，也有很多具有优秀特质的男孩儿喜欢我，可是介于没有他家庭条件好，才将自己终身大事托付在他的身上，而现在一切只能证明是自己错了。"

不得不承认，无论是怎样的女人都会对物质生活抱有一定的幻想和欲望。必定每个人都渴望过上富裕而幸福的生活，这本没有什么错误。但这并不意味着她们对于自己向往的男人就没有一个希望成型的模板。即便是自己对于金钱和物质有着某种先天性的需要，但只要还保持一定理智因素的女人还是会将大部分权衡的经历着眼于这个男人的未来。在很多女人看来，只要这个男人具备一些少有人拥有的特质，就算当时自

第七章 别低估了女人的审美——她们从一开始就知道,自己想要什么样的男人

己什么也没有,也会死心塌地跟他走到一起。因为只要她认准这个男人有发展前途,有自己清晰的成事能力,以及坚忍不拔的意志,也就根本不会发愁自己会永远一无所有。

　　这个时代,即便没钱是万万不能的,但钱也不是走到哪里都能管用的。女人爱钱很正常,但相比之下她更喜欢一个有能力赚钱,而且对她好的男人。假如男人真的是自己的一辈子的投资,那她们必然关注的是他的长远受益而不是眼前利益。在女人看来,感情的倾注犹如是自己一辈子的赌注,找对一个男人就幸福一辈子,找错一个男人就挂了一辈子。假如一个女人在婚前快乐靠的是自己的父母和自己的能力,那么当其结婚之后靠的便是自己经营家庭的本事和自己选择的男人。因此,即便这个男人真的具有富足的家庭条件,假如自己自身是草包一个,也未必真的会赢得所有女人的芳心。必定这个世道,有能力的人得天下,因此对于一个女人,究竟是要钱还是要钱途她们绝对不是一个对选择一无所知的傻瓜。

她会青睐不惹事儿,也不怕事儿的男人

　　女人一般都不喜欢爱招事儿的男人,因为跟爱招惹是非的男人在一起一定会是件很累的事情。由于对方太爱惹事儿,所以女人自己总是会跟着提心吊胆,为他们担心这担心那。试想一下倘若一个女人今天接电话说男人跟谁在外面打架,明天接电话说他跟哪个女人在一起鬼混,后

天又说他欠了谁的钱不还现在别人准备上门追债，自己的生活将是怎样纠结痛苦呢？必定女人结婚是为了有个依靠，是为了能过上更踏实稳定的生活。倘若摊上这么一个爱闯祸的男人，必然会使自己一生都没有幸福可言。

尽管女人对于爱惹事儿的男人很反感，但是对于太怕事儿的男人还是会采取一种鄙视的态度。在女人眼中，男人遇见事儿就腿软，是一种很"怂"的表现。在她们眼中宁愿男人暂时没钱，没身份，也不愿意他是个怂包，孬种。必定女人是一个渴望安全感的人，找男人是为了背靠大树好乘凉，倘若还没靠，这棵树自己先歪了，那找它又有什么意思呢？在女人看来，倘若找了一个男人以后，自己比以前还要辛苦，既要负责女人的工作，还要像男人一样去冲锋打头阵，遇见什么事儿都得自己想办法去摆平，当初也就管管自己的事儿，现在还得把对方的事儿全部摆平，那自己还不如当初一个人待着好。

在女人看来，男人对待一件事情可以礼让，但一旦面临别人的侮辱与欺凌，绝对不能懦弱的没有还击的能力。正如一个国家，对待一些小事可以不计较，以大局为重维护国际上的和睦团结，但只要是别人侵犯了自己的领土完整，那么必然要为了维护自己本国的尊严和民族的利益而予以坚决抵抗和还击。其实，一个国家与一个人是一样的，尽管遇见的事情不一样，但是世间万物都略有所同。男人可以不做那个发起战争的人，但也绝对总做那个被动挨打的人。面对很多事情，他必须临危不乱从容自若，一定要在最快的时间想出最为可行的应对方式。在女人心目中，假如有哪个男人总可以在难关面前保持镇定，而且总是可以动用自己身边的资源和自己的脑力突破重围，那他必然是一个非同一般的好男人。

第七章 别低估了女人的审美——她们从一开始就知道，自己想要什么样的男人

不管什么时代，匹夫之勇都是不可取的，必要的时候男人必然是需要忍辱负重，但并不意味着一辈子都要顶着一个窝囊活着。在历史上，勾践卧薪尝胆最终靠着自己的勇气和智慧打败了曾经羞辱过自己的人，即便今天看来也没有人说他是个孬种、窝囊废。但对三国时期刘备家中那位扶不起来的阿斗，那就是另外一回事儿。即便是挨打也不知道励精图治，即便是沦为了阶下囚也还会尽情享受这种生活，觉得没有什么不好，一辈子窝窝囊囊，不成大器。在女人看来谁找了这样的男人，必将成为别人的小病，一辈子跟着倒霉，做人也抬不起头来。

因此作为男人，你可以没有最终赢得胜利的机会，但是绝对不能没有反抗为自己争取的行为。因为不管时代怎样演变，即便女人的地位再有多大的提升，也不可能颠倒男女之间的位置；不管到了什么时候，男人应该都会是一个家庭乃至一个国家的脊梁。不管这根脊梁是因为过分爱惹麻烦而被打断了，还是还没经历什么事儿自己就先骨质疏松了，对于他身边的女人而言都是一种悲哀。

曾经有一个女人曾经列出这样八条原则，以此来说明这就是自己真正想要的男人，她说："我只是想嫁一个真正的男人，一个拥有以下八条标准的男人"。

1. 不惹事但是也不怕事。
2. 拥有一颗勇敢的心和不屈的意志。
3. 抬头做人，俯身做事。
4. 拥有谦逊的性格和骄傲的灵魂。
5. 可以失败，但是却可以在舔过伤口的鲜血后，拥有重新出发的

勇气。

6. 他首先是一个儿子，一个丈夫、一个父亲，然后才属于他的工作和事业。一个没有家庭责任感的人，无论以什么借口作为掩饰，都不是一个真正的男人。

7. 有他在的地方，他的亲人可以得到宁静和安逸。

8. 果断的决定，勇敢的担当。

我们不得不承认在这个压力重重的世界里，不论是男人还是女人都是要有所承担的，也都是会伤感失落不知所措的。这个世界上没有绝对勇者无惧的人，倘若都是天不怕地不怕，那社会必然也是要出点乱子的。女人之所以要求男人："不惹事儿，也不怕事儿。"是希望他们能够给予自己足够的安全感，但也绝对不是什么狂妄之徒。

其实，这个世界上没有什么事儿是不能解决的，万事都有一个结果，很多事情之所以忍耐是因为需要时间。正如我们身体侵染了一种杀伤力很强的病毒，一开始很多人都会恐慌，认为自己没有指望，但只要能临危不惧安下心来去寻找调查，总会找到抑制它的方法。正所谓，万事都是相对的，对于男人看待难事儿也是如此。女人往往并不在意最终的结果如何，而是要看这个男人有没有为自己斗争下去的勇气。

人们常说人生在于过程不在于结果，作为一个感性的女人也是如此，倘若她能认准对方是一个不怕事儿也不惹事儿的男人，必然会有这个动力跟他同负一轭，即便是这条路要吃不少苦头也会心甘情愿。在很多女人看来宁可跟一个不怕事儿的男人一生凄苦，也是不愿意跟一个窝囊的孬种共度一生的。

第八章
别说女人全指望你
——她们是在依恋，而并非一味地依赖

她们会手心向上，但也会手心朝下

男人经常会说"女人心，海底针"，也就是说女人的心事很难让男人看明白，这似乎成了男人普遍的心理，其实女人了解男人的程度，远远地超过了男人了解女人的程度。在男人眼里，女人是善变的动物，她们的内心甚至是情绪总是在发生着莫名其妙的变化，一会儿可能是喜笑颜开，转眼间就可能变成乌云密布。男人要想看清女人的内心情感表，就要懂得读心绝招。

或许男人们还在困惑，女人和手心手背有什么关系，曾经著名的语言学家皮斯夫妇经仔细的研究发现，手心向上这个肢体语言，往往是在表示一个人的内心没有恶意，甚至是表示妥协、服从、接纳和邀请，就好像是在说"我是坦诚的"，"我手里没有武器，你可以大胆地靠近我"；而另外一个肢体语言——翻转手掌，手心向下，则代表权威、地位、命令甚至是抗拒。女人是善变的动物，因此，她们可以表现得服服帖帖、热情坦诚，也会在瞬间变得抗拒、追求权力。

俗话说得好，在女人听话的情况下，就如同猫咪一样。反抗的情况下，是老虎；女人开心时是猫咪，生气时是老虎。或许是有点夸张，但

第八章　别说女人全指望你——她们是在依恋，而并非一味地依赖

是男人也应该注意到这一点。当一个女人开心的时候，男人会发现她总是服服帖帖，如同猫咪一样，这个时候，她们喜欢"黏在"男人身上，就连说话的声音都变得温柔体贴。而相反，当一个女人在不开心的情况下，那男人就别想有开心的感受，更别期望女人会羞答答的粘着你，这个时候女人会变得如同老虎一样，乱发脾气，甚至还会抗拒男人的好意。

造物主用最和谐的美学原则来创造人类，于是便赋予了男性阳刚之美，又赋予女性阴柔之美，正因男人和女人各有其独特形态而形成鲜明对比，才使男女对立又统一地组成了人类绝妙完美的世界，社会也才会变得更加的丰富多彩。而现在的女人是"一半火焰一半海水"，她们既可以变现出女性的阴柔之美，如同春风细雨，时而又像娇莺啼柳，更像荡漾的水，美就美在"似水柔情"。她们又可以变得倔强强悍，如同沙漠孤鹰，冬风傲雪。

世上绝少会有哪个男人喜欢女人变得野蛮、凶悍、泼辣、粗俗。女性的似水柔情，对男人来说，是一种迷人的美，也是一种可以被其征服的力量。一位诗人说："女性向男性进攻，温柔'常常是最有效的常规武器。"而在当今社会中，女人似乎也变得强悍起来，她们的另一面往往具有强悍的内心，不容男人们轻易地践踏。在这一点上女人可以说是一个"百变精灵"，她们擅长转变自己的角色和心情，更擅长让男人摸不清自己的内心世界。男人想要真正地走进她们的内心，那么必须体验一把女人的温柔和强悍。

其实，女人的情绪会在瞬间改变，这种改变在男人眼中会是莫名其妙的变化，也或许是不可思议的变化，但是结果都是一样的，男人会看清女人的内心。女人可以温柔，也可以变得无比强悍，她们面对自己不

喜欢的事实往往会产生反抗情绪，就如同李家强的三位女客人一样，她们会用自己强势的情绪来表达自己内心的不满，但是也会在得到自己想要的结果之后，突然转变的无比温柔。

也许有人会觉得，女人泼辣有损似水柔情的形象，但这并不是真理。虽然女人收起了温柔，但是，适当的泼辣也是为了凸显女人们原有的温柔。因为不管在任何场合，不管在什么样的状态下，适当的泼辣并不是一无是处，而是一种自我保护；而一味的温柔，却只能是一种软弱的表现。所以说女人善于翻弄自己的手掌，而男人往往会在手掌之上。当女人抛开了温柔的面纱，那么留下的自然是一种吸引人的适当的强悍。

生活中男人将女人很贴切的分为三种大的类型，一种是柔情似水的格调女人，一种是直率泼辣的野蛮女郎，还有一种就是介于二者之间的无鲜明印记的中性女人。也有人将女人分为：大女人、小女人、中性女人。而这种分类并不是说大女人身上没有温柔的一面，小女人没有泼辣的一面，中型女人没有个性的一面。而实际上在生活中，纯粹泼辣的女人和纯粹温柔的女人是没有的，女人的性格中一般是海水，一边是火焰。

男人希望自己喜爱的女人总是一只温顺的小绵羊，但是要知道女人是善变的，"善变"会让一个女人的性格变得丰满起来，而不是单纯的一个色调。而生活中，女人善于用温柔的服从来掩盖自己的强悍的反抗。但是男人应该能够看到女人的双面性格。

第八章　别说女人全指望你——她们是在依恋，而并非一味地依赖

说"我都听你的"，是为了你的尊严

男人爱面子，这是不争的事实。每一个男人都希望自己的女人无处不在地给自己留面子，而女人也会抓住男人的这个心理，做到给男人们留足了面子。女人在做事情之前，会想，"面子不是男人们想要的吗？那好，那我就尊重你，让你时刻感受到我给你留了尊严。"

女人在男人面前，往往会变成温柔的小鸟。语言也会变成美妙的歌声，而这个时候，男人们可能会认为女人是在"唯命是从"，会肆无忌惮地按照自己的意愿来"命令"女人做事情。如果男人们真的这样做了，那么结果往往会让你大吃一惊。女人和知识温柔的小鸟，她们也会变成凶悍的斗鸡，一点也不会给你留有面子和尊严。

尤其是在恋爱中的女人，总是会娇滴滴地说"我都听你的"，这个时候男人会觉得自己的内心变得十分的强悍，会觉得自己是女人的精神支柱，似乎女人离开了男人就不知所措一样。但是，男人们不要被女人的这句话迷惑，更不要因为女人在你面前说了一句"我都听你的"，就信以为真，真的要求女将所有的选择权和裁断权都放弃，而是听从自己的命令和指挥，如果男人真的是这样做的，那么很快就会发现，原来女人的"我都听你的"和男人的"我再也不喝酒了"是同等的概念。

女人善于撒一个美丽温柔的谎言，而这个谎言只是为了表示自己有多么的爱这个男人或者是多么的尊重这个男人。但是男人们不要以为听到女人说"我都听你的"之后，就感觉自己已经独揽大权或者是拥有特权，其实这并不代表什么，而唯一能够代表的就是这个女人尊重你。那

么，当男人听到女人说完这句话后，应该怎么样来应对呢？

第一、适当的感动一下，千万别面无表情。

女人需要的比仅仅是浪漫，还是男人的感动。要知道在很多时候，女人会顾全男人的尊严，也会为了照顾到男人的尊严而撒一个小小的谎言。这个时候，即便男人知道女人不会照这句话去做，明白这并不是事实，但是也要懂得适当的表示自己的感动，让女人内心得到应有的成功感和喜悦感。

所谓适当的感动，就是千万不要表现的过于夸张，如果你的表情或者是举动过于的夸张，那么女人们很可能会认为你是在嘲笑自己，从而变得"野蛮"起来。这个时候，你可以选择将女人抱在怀里，在她们洁白的额头上留下一个轻轻的吻。这个时候女人会感觉到很幸福，也会感觉到很满足，甚至，她们会因为你的这个举动而甘心地做任何事情，或者是真的按照所说的去做。

第二、千万不要剥夺女人的裁断权，不然你就麻烦了。

女人的语言往往是一个幌子，她们的内心怎么想的，似乎不会用简单的语言来体现，因为她们喜欢让男人来感受自己的内心。女人会说"我都听你的"，在很多时候是在撒娇，是希望男人给自己裁判权，或者说是希望得到男人的尊重，因此，在这个时候男人最好还是知趣一点，千万不要真的什么事情都按照自己的意愿，如果真是这样，那么男人就会有用很惨的下场。

由此可见，男人们还是要顾全女人的感受，或者说是更加主动地给对方裁断权。比如说当男人们陪女人逛街的时候，你很有必要让女人自己选择要逛的地点，只有这样她们才会感觉到自己存在的价值，如果这

第八章　别说女人全指望你——她们是在依恋，而并非一味地依赖

个时候男人选择了自己爱逛街的地点，那么女人自然是不会开心的。又或者说，当你们选择要去旅游，而男人喜欢去广阔的草原，而女人则希望去一望无际的海边，如果这个时候男人擅作主张，那么女人很可能是不会参与你的这次旅行计划的。所以说，越是当女人说"我都听你的时候"，你越要尊重女人的感受和意见，这样女人不仅仅会得到心灵的满足，还会对你更加的"唯命是从"。

第三、交际场合男人也该有新的体验。

女人会给自己心爱的男人留有尊严，尤其是在交际场合，她们会变得温柔体贴，甚至会为了照顾到男人的面子而做自己不喜欢做的事情，如果真的是这样，那么男人应该明白，此时此刻的女人是为了尊重自己，如果不是为了你的尊严，她们断然不会强迫自己做不喜欢做的事情。

因此，男人们也能够学着转换思维，如果只是一味地让女人顾全自己的"面子工程"，而忘记了照顾到女人的切身感受，那么你的结局已经很惨。因为女人也爱面子，她们希望在人前，自己的男人会流露出对自己无比地在意，而如果这个时候你不在意她们，她们会很失望，甚至会一反常态，一点面子也不给你留。男人也要懂得照顾到女人的面子，这样女人才会真正的"都听你的"。

男人往往会为了自己的面子做出很多傻事，其中就包括为了自己的面子工程而伤害心爱的女人，这样的人不在少数。而女人在交际场合或者是公众场合，往往会牺牲一下，说"都听你的"，男人们也许会信以为真。即便是信以为真，也不要为了自己的面子，真的让女人对自己唯命是从，更何况她们也不会这么去做。

什么是温柔的小谎言？"我什么都听你的"这就是一句温柔到男人心坎儿的小谎言，很多男人明明知道女人是不会这样去做的，但还是喜欢听到她们娇滴滴地说出这样的言语。女人善于煽情，而这句话在很多时候也无非是为了将两个人的气氛搞得更加的温暖，如果这个时候男人不懂的这一点，那么女人会让男人变得唯命是从。

她们会大智若愚，但并非什么都不懂

"恋爱中的女人智商为零"这句话虽然说得夸张了一点，但是也是有一定的理论基础和实践基础的。而"傻"女人的境界，并不是每个男人都能够参透的。女人在男人面前，需要的并不是让自己看的有多么的聪明，相反，她们和乐于让男人感觉到自己是傻傻的笨笨的，因为，她们知道男人的心理，男人多半有保护女人的欲望，而这种做法正好就能够满足男人的这种欲望。

古人只晓得"一哭二闹三上吊"的做法，可惜这些令男人反感的招数已经过时，也根本无法体现出现代女性的精明与智慧，更何况这些招数，男人们已经见怪不怪。而真正具备杀伤力的"武器"，应当具有现代的"高科技"，也就是能充分体现"女人味"的策略，比如"一笑二羞三落泪"。其中女人善于装傻，而"装傻"的女人，其实是达到了一种全新的境界，是聪明人所为。那种明了一切却不点破的拈花微笑，最

第八章 别说女人全指望你——她们是在依恋，而并非一味地依赖

令男人着迷了，更是一种大智若愚的体现，会让男人在不知不觉中听从女人的"指挥"。

男人应该会听到过这样的婚姻论断，即婚前睁大眼睛，婚后只需睁一只眼、闭一只眼。其实这种做法往往是女人们的战术，婚姻需要两个人用心经营，而这里所谓的闭一只眼睛，大约就是女人大智若愚的"装傻"吧！任何事情都有它的模糊地带，婚姻也不例外，女人当然明白在婚后对一些事情太较真了，只能使婚姻产生细小的裂缝。那么这样一来还不如学会"装傻"，而自己的心中却已经是明镜，但是婚姻不是一朝一夕的事儿，天长日久，缝隙越来越大，以至于无法修补。

周日张娜娜在街上遇到了一个女友，她一脸的不开心，张娜娜便问其原因，女友说她和老公过不下去了，准备离婚。张娜娜惊讶不已，以前女友总把老公的好挂在嘴上，惹得其他人羡慕不已，而现在却怎么突然说要离婚。张娜娜问她为什么，她愤愤地说："我对他那么好，他为什么那么没良心？我怕他上班累，总是提前给他做好早餐和晚餐，不管他回来的多晚，我都会等他一起吃饭。平时，他的衣服都是我亲自洗的，对于这个家，我付出了那么多，他却跟我撒谎，刻意隐瞒他的行踪，结果被我发现之后，他还找借口说我平常疑心重，不敢告诉我，怕我知道了会生气上火，这算什么理由？我明知道他白天抽了好几根烟，问他的时候他还死不承认，这日子真的没法过了。"

女友怨气冲天，看着她的背影，张娜娜心中暗想，一个男人究竟会喜欢一个怨妇，还是会喜欢一个懂得在适当的时候"装傻"的睿智女人？结果没过半个月，张娜娜听说女友和她的丈夫真的离婚了，这样的结局

让她们所有的朋友都感觉到意外。

一个大智若愚的女人往往是一个懂得"装傻"的女人，如果张娜娜的女友懂得大智若愚的道理，那么她们的婚姻或许会变得幸福，至少她们不会走向离婚的结局。女人的宽容会令男人有安全感，有时候退让是为了更好地防守，一个大智若愚的女人会懂得退让，同时，内心保持一面明亮的镜子，只是不表现出来而已。

懂得大智若愚的女人，三分流水二分尘，不会把所有的事探究个一清二楚，而男人不要以为这样的女人是可以欺骗的，更不要天真地认为只要自己不说，她们是不会发现自己做错事情了。因为她们并不是不知道，而是不想让男人那么的不堪。女人喜欢用"装傻"的方式来表达自己对男人的爱，而男人不要张狂地认为女人就是真傻。

"傻"是一种很高的人生境界，是懂得大智若愚的女人所为。其实"装傻"的女人并不是唯唯诺诺，忍气吞声。大智若愚的女人懂得任何事情都有它的模糊地带，"装傻"只是换一种方式，把生活中的小事模糊处理，因为女人们明白斤斤计较可能会得到一时的满足，也很有可能让她们失去一生的幸福；锋芒毕露的女人可能会得到一刻的虚荣，但也可能会在得意之时也许埋下了隐患，种下了祸根，装装傻可能会别有洞天。因此，女人善于"装傻"，她们善于用自己无辜的小眼睛，傻傻地望着男人，轻言轻语地问上一句为什么，而男人们这个时候千万不要以为女人是好欺骗的，要知道这个时候，女人们喜欢的是你的坦诚。

女人当然明白，当男人在不偏离道德航线的时候，有时退让是为了

第八章　别说女人全指望你——她们是在依恋，而并非一味地依赖

更好地防守，是为了更好地保护自己的阵营。给对方一点空间，给男人一点回旋的余地，给他留足了面子，给他反省的机会这就是大智若愚的女人的聪明表现。而男人如果还在肆无忌惮的扩张自己撒谎的欲望或者是践踏聪明女人给你留有的空地，那么她们往往会变得毫不客气，让男人失去所有的阵地。

女人天生会装傻？还是因妥协装傻？又或者是委曲求全而装傻？大彻大悟来装傻？不管是因为什么而装傻，也不管是在什么时候女人选择装傻，可以确定的是，装傻也是女人的独门艺术，这种艺术正是聪明女人大智若愚的表现。因为女人们自然明白那种明了一切却不点破的拈花微笑，最令男人着迷。而那种斤斤计较的看似火眼金睛的女人，多半会让男人有逃脱的感觉。而男作为男人，更不应该这样的单纯，以为自己所有的谎言都已经瞒天过海，以为女人天生就是小笨蛋，这样的思想只会让男人变得更加的被动。

一般现在的女人不会选择寻死觅活，大打出手，因为她们已经足够的聪明，知道这样的行径很可能失去爱情，失去家的温暖，最终的结果只会是同床异梦，直至各奔西东。于是她们选择了"装傻"，而男人们如果真的以为女人是"傻瓜"，继续做出龌龊的事情，女人们就会用她们聪明的小头脑，想出聪明的手法，让男人一时之间失去所有想要得到的幸福。

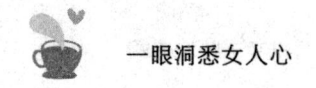

管住你的钱，是为了留住你的心

在我们身边，很多女人都大权在握，她们会精心打理着家里的账目，甚至是购买房屋、筹措孩子的教育费用和准备赡养父母的费用也往往是她们在管理。尤其是在结婚之后，男人的工资似乎也要一分不少地交给妻子。女人天生不是贪钱，要求管钱是为了留住男人的心。

女人多半重视感情，如果一旦产生了感情，那么会不在意其他的任何东西，真正能够达到"爱情至上"，同样的女人也是敏感的一个种族，她们害怕自己的男人会逃走，或者是会离开自己，为了让自己的内心得到应有的满足，她们会掌管家里的金钱大权，这样一来，男人就会将心乖乖地留在自己身边，其实从这一点来看，女人是何等的天真。

生活中爱管钱的女士不在少数，而从进化心理学角度看，女性的生理条件比男性要脆弱，而她们却具有天性的细腻和敏感，通过掌管家庭财物来间接参与生存活动，从而体现自身价值。再加上自己的心理脆弱的原因，更需要男人的真心，而此时猜疑的心理总是让女人整天"神经兮兮"，或许掌管了男人的钱财，才会让她们感觉到抓住了一条准绳，或者说是会让女人感觉到安全。当一个女人掌管了金钱大权的时候，会让她们感觉到男人很信任自己，从而有一种安全感和满足感充斥着她们的内心世界。

男人或许会认为女人管钱是贪财的表现，如果你真的这么认为，那么实在是又点傻了。如果一个女人只拥有了金钱，还是自己的家的金钱，却留不住男人的心，那么她们会毫无忌惮的乱花钱，而我们在生活中经

第八章　别说女人全指望你——她们是在依恋，而并非一味地依赖

常会看到管钱的女人是十分的"吝啬的"，尤其是对自己。她们宁愿给自己丈夫花费上千元买一条衬衫也不舍得花费几百元给自己买一条裙子。所以说不要认为喜欢管钱的女人都是守财奴，男人更不要认为自己的女人是吝啬鬼，毕竟她们对你们是毫不吝啬的。

女人不是天生爱管钱，也不是希望自己掌管金钱大权，她们管钱自然是由原因的，而男人如果不知道原因，总是在跟女人对着干，那么你们的关系自然会闹得很僵。

第一，女人是怕男人乱花钱。

男人可能会赚钱，但是男人很少能够将钱很好的支配开，即便是能够在事业上做很好的规划，但是也经常会忽视家庭的金钱管理和支出，而此时此刻，女人就需要对家庭所需的金钱和费用进行分配和管理。毕竟，女人天生拥有细腻的头脑和敏感的细胞，她们能够静心的计划好没分钱的去向，更能够让家庭变得更加的舒适。因此，女人管钱是为了避免男人乱花钱之后，没有了家庭所需的费用。

第二，女人爱你，才会甘心成为"守财奴"。

如果男人还在抱怨自己的女人是守财奴，那么也就有点太不知好歹了。女人喜欢消费，这是男人们都知道的事实，而当一个女人守着钱却还要控制自己消费欲望的时候，可见这个女人是真的爱你，真的爱这个家，如果她不是因为爱情，那么她足可以拿着钱，肆无忌惮地去消费，根本不用顾忌这个月的房租，不用顾忌这个月的水电费，不用顾忌这个月的物业费等等。如果作为男人的你，身边守着一个漂亮的"守财奴"，那么你就去庆幸吧，庆幸自己是那么的幸运，终于遇到了真心爱自己的人。

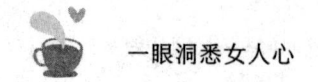

第三，女人想要踏实一点。

如果一个男人整天为了赚钱而忙碌，没有时间陪女人，那么女人自然会产生孤独感，甚至是失去安全感，毕竟女人天生就喜欢猜忌。所以说这个时候，男人不妨将自己的金钱全部交给女人掌管，这样她们知道了你的金钱的去向，自然对你也就少了很多的猜疑。这样，她们内心也会产生一种满足感或者是安全感。这样做对你们的家庭和睦是很有帮助的，所以说不要担心你的女人是"钱串子"，这样更有利益你们家庭的富裕与和睦。

第四，女人也爱面子。

不要以为只有男人爱面子，女人也有小虚伪的一面。比如说当她们跟自己的朋友在一起交谈的时候很希望自己的男人成为自己口中的佼佼者。她们也希望自己的丈夫为自己增光添彩，尤其是当其他女人说到家中重权在握的时候，自己的妻子也希望能够说自己掌握着家中的金钱大权。所以说，男人啊，你就满足一下小女人们的虚荣心吧，让她们管着自己的金钱，不但会让自己很有面子，从而也会让她们在朋友面前有面子，更加重要的是女人们会开心。

女人爱管钱并不一定爱花钱，女人爱管钱也并不一定是爱钱。而男人如果能够认识到这一点，那么为了家庭的更加和睦，为什么不大胆一次让自己心爱的女人管着家中金钱大权，这样自己也会变得轻松不少，起码对家里的事情自己是不会过多的费心的。

男人总是觉得女人爱花钱，也总是觉得女人结婚之后就会变成"守财奴"，其实这并不是女人的错，谁让男人们无法让女人感觉到安全呢？为了留住你的心，女人们必须让自己变得看起来更加的爱钱，更加的

第八章　别说女人全指望你——她们是在依恋，而并非一味地依赖

"疼"钱，关注你的钱，其实是为了留住男人的心。

别急！她知道自己不是雇来的保姆

女人们常常坐在一起总是抱怨家务活的劳累，女人们总是在话语中毫不客气的表现对自己的男人懒惰的厌恶。男人们应该清楚，懒惰是女人们最厌恶的行为，而很多男人为了保护自己的懒惰，会彰显出大男子主义，认为用自己的大男子主义竟能够将女人收服得妥妥帖帖，让她们甘心为自己的懒惰负责，男人们还是做好心理准备吧，女人知道自己并不是你的保姆。

一些职业男人回到家里是很牛气的，他们会叫着老婆让老婆给拿拖鞋，自己却坐在沙发上看电视或者是玩儿电脑，甚至还会呼喊着老婆给自己递上一杯热茶或者是咖啡，这样的男人根本不会顾及此时妻子在厨房忙碌的艰辛，更何况现在的女人都有着自己的工作和事业，她们为什么要在回到家中还当起了保姆呢？即使这样的男人心安理得的被老婆唤到餐桌吃饭，女人的内心也是藏有不愉快的，只是无奈而已。总会有一天，女人会心理失衡，从而突然爆发。

有的男人自认为聪明无比，回到家中总是摆出一副"大爷范儿"，他们希望自己的女人何等的尊重自己，照顾自己。尤其是对家中的事情，他们恨不得都推给女人去做，不管是洗衣做饭还是擦地叠被，似乎都是

女人的工作，如果男人们真的这样去想，也这样去做了，那么最终的结果将会是迎来女人的反抗，毕竟男人娶回家的是妻子，而不是在找保姆。

还有的男人喜欢挑剔菜的咸淡色泽，指点着饭菜的味道，那副颐指气使的样子是女人所无法忍受的，这样久了就滋生了夫妻间的怨恨，女人的内心会渐渐地冷漠起来，因为，男人回家不做饭，女人将饭菜准备好之后，男人如果不能够给对方一个感激的微笑，那么也没有必要挑肥拣瘦的指责自己的妻子，如果真是这样，那么女人们就会想为什么做饭是女人的活儿？女人不是你娶来的保姆，如果你认为她们是保姆，那么她们会很快将你解雇。

女人有自己的空间，不是男人终生的保姆，男人没有权力也没有能力把家庭的琐事全部压给她，要老婆做服侍你的佣人。更何况现在的女人也不会那么去做。女人厌倦了做家务的时候，男人们还是知趣地自己去做吧，不要等着女人彻底放弃所有的家务的时候，男人才知道原来做家务是这样的辛苦。女人是聪明的，她们不会甘心做一辈子的保姆，如果男人把自己的女人定位成保姆，那么最终女人会选择将自己解雇。

不管是作为妻子的，还是作为小资女人的，都希望得到丈夫的关爱和疼爱，希望重活一起做，有福一起享，男人要知道换位思考，女人从年轻貌美的时候跟了你，走到容颜见老的时候，那她是怎样的悲哀？男人千万不要以为女人具有这种帮助自己打扫房间、收拾家务的责任和义务，要知道在这个社会中，你们的地位完全平等。在她为一大家人忙碌的时候，你不要像个爷那样坐在沙发里，还是懂的体贴一下自己的女人，给她们一些温馨的安慰。这是你的女人笑的会很灿烂，是吧？男人千万

第八章　别说女人全指望你——她们是在依恋，而并非一味地依赖

要记住，老婆不是保姆。

刘佳敏最讨厌乱扔东西，她喜欢每样东西都能够按部就班放好，乱乱的感觉总是会让她急躁，因为在用的时候会什么东西也找不到，而她的丈夫从来不管这些事情，每次，她都会提醒自己的丈夫衣服脱下来挂到衣架上去，不要随地乱扔东西，鞋子脱了，袜子脱了不要扔到地上，要放整齐。东西吃了早点把碗啊什么洗了，被子要叠起来的，可是刘佳敏每次回家，看到的还是一片狼藉，沙发上堆满了衣服，满地的袜子，用过碗啊，杯子啊，到处都有，被子叠得跟卷筒一样！

面对丈夫的举动，刘佳敏十分的伤心，因为它觉得房子本来就不大，被丈夫这么一搞乱糟糟的一片，本来工作就烦心，回到家还不能舒坦，因为这件事情，刘佳敏和丈夫也争论了很多次，每次她都说我不是保姆，不要把家弄得跟狗窝一样的，可倒最后，一点效果也没有。

回家之后，还是袜子乱扔在地上，碗筷也不刷，屋子弄得乱七八糟，渐渐地两个人开始吵架，为了这些家务事请，刘佳敏不想再忍受下去，于是她决定，如果自己的老公再不改掉习惯，她就跟老公分居，自己住主卧室，反正里面有独立卫生间，让丈夫一个人去住书房，反正还有电脑陪着他，他爱怎么乱摊就乱摊吧，刘佳敏也不管了。

女人不是你的保姆，这是一句对男人说的话。当一个女人甘心为男人做一些家务事请的时候，男人千万不要认为这是理所应当的事情，更不要认为这是女人们必须做的事情。当一个男人下班回家之后，千万不要像大爷一样，坐在沙发上一动不动，让自己的女人在厨房忙前忙后，

因为她们也是刚下班不久，要知道女人不是男人的保姆，男人需要真心的疼爱自己的女人，这个时候女人才会心甘情愿地为你洗衣做饭，刷碗擦地。

女人是最最容易感动的动物，于是女人多半选择了被爱，当一个女人在生活中总觉得自己身边的男人对自己很少关心，或者是总是将自己当做保姆的时候，她们便会反抗，反抗的结果往往是让男人吃不消的。其实女人是天生的弱者，也很适合被爱，女人往往是因为恋爱而结婚的，而男人恋爱往往是为了婚姻，甚至有的男人就是为了找一个能够照顾自己的女人而选择结婚，如果真是这样，那么你的"保姆"迟早会将你解雇。

时间是冷酷的，而男人千万不要让自己匾额冷酷，包括感情，女人从当初的美丽小可人，就变成了现在的家庭保姆，女人其实蛮累的，除了工作还有自己的家庭要照顾，所以说男人还是给你的女人多一些难为吧，千万不要让女人扮演保姆的角色。

她靠着你的时候，你也在靠着她

我们常听女人们说，想找一个坚实的臂膀靠一靠，或者是想要得到一个安慰和坚实的臂膀，因此，男人们就会断定女人是需要依他们的，甚至会认为女人天生喜欢依靠男人。其实男人在被女人依靠的同时，也

第八章　别说女人全指望你——她们是在依恋，而并非一味地依赖

在依靠着女人，或许是暂时没有发现而已，但是不得不承认，女人是男人的半边天。

女人不是在找一个比自己更加坚实的臂膀，她们只是想要在自己伤心或者是累的时候，找到一个可以让自己安稳的休息的柔软之地。所以说在女人面前，男人没必要变得多么的强大，只要是在适当的时候能够让女人感觉到有所可依就行。

男人不要以为自己从来不会依靠女人，因为男人也有累的时候，你也需要来依靠别人，让自己在累的时候找到温柔之乡，让自己暂时得到停歇。当然，男人的依靠有别于女人的依靠，女人希望自己在累的时候能够得到男人的拥抱，甚至是安慰。而男人则会依靠来自女人的一个轻轻的问候，来自一个简单的亲昵，也可能来自女人的一个娇滴滴的撒娇，甚至是从女人的关心的埋怨中得到一个安慰。总而言之，女人依靠男人的同时，男人也在依靠着女人。

女人是感性的动物，在她们的身体内部总是充斥着感情的细胞。而男人多半是理性大于感性的，因此，男人会觉得自己从来不会依靠任何人，甚至会觉得自己的女人只是在依靠自己，而自己只是需要保护好女人就好，其实，不管是多么理智的男人都避免不了来依靠自己心爱的女人。当男人们累的时候多么希望女人们能够给他们一声问候或者是关心啊，而这就是一种心灵的依靠。

女人天生扮演的是弱者的角色，因此，她们会肆无忌惮地去依靠男人，男人也会感觉到很幸福。而有的时候男人需要女人的唠叨，也需要女人的埋怨，这个时候的唠叨其实就是一种关心，只有当关心升级之后，男人也会依恋与这种唠叨。在生活中，不乏这样的情景，当我们走在公

园中的时候，也许会看到一个大男人躺在女人的怀抱里，听女人微笑着诉说着什么事情，他们听得那么认真，那么的幸福，就像是一个小孩子听着母亲的故事一样那么的认真，而且还有着那么多的瞌睡。这个时候，男人就在依靠女人，而女人此时的诉说或许就是在一种享受。

女人依靠男人似乎是天经地义，而男人为什么也会依赖女人的存在呢？或者说男人的依靠来源于什么因素呢？

首先，男人比女人更害怕寂寞。

女人害怕寂寞，于是，在寂寞的时候总希望男人会出现在自己的身边，那么男人出现之后一语不发，只要静静地陪自己待着，便能够让自己摆脱寂寞所带来的恐惧，久而久之，自己便开始依靠这个男人。而这个时候，男人也开始了依靠女人，男人也害怕寂寞，这是不争的事实，甚至比女人还要害怕。他们害怕自己的女人不再说话，也不再说心里的话，所以开始了自己心灵更深的依赖。他们惧怕自己女人的远去，即使很短时间的离开也会惴惴不安。

其次，男人向往女人忠诚与自己。

男人的依靠还来自对感情的执着和忠诚，他们不仅仅希望自己变得忠诚，更加渴望自己心爱的女人也会变得十分的忠诚，尤其是忠诚于自己。女人总是扮演一个天使的角色，在感情方面，女人的内心变得细腻无比，因此，会对男人有很多的要求，男人为了满足女人情感上的要求，便会试着来改变自己，毕竟女人的情感要比男人的情感细腻。久而久之，男人会心甘情愿地来忠诚于这个女人，而这种忠诚也会反方向的作用于女人本身，从而男人也希望得到女人多的忠诚，为了得到这种来自女人的忠诚，男人会付出很多，从而产生依赖感也是必然的事情。

第八章 别说女人全指望你——她们是在依恋，而并非一味地依赖

再者，男人更依靠女人对自己的尊重。

男人的依靠还来自尊重，女人希望男人能够尊重自己，而男人也必然有同样多的要求。他们认为彼此的情感上的尊重仅次于对感情的忠实和执着。这种尊重来自细微的言表，不见的是一种隆重的仪式。在这个尊重对方的过程中，自然而然会产生彼此的依靠。有的时候男人不需要那么具体的东西，只需要一个发自内心的关怀。而女人会很乐意满足男人的这个要求，因为她们明白男人会依靠自己就会在意自己的存在。

最后，男人也会有累到支撑不住的时候。

女人无法体会到男人到底有多累，就像是男人无法体会到女人有多辛苦一样。在当今社会中，物质生活上的要求似乎会让男人心理负担更加的沉重，而男人往往又是爱面子或者说是虚荣心很强的人，所以他们宁愿让自己变得累一些，也不想让自己心爱的人过得不如别人好，因此，他们会努力地拼搏，而在拼搏的时候难免会有不顺心的事情，事情多了自然会感觉到很累，这个时候，他们会选择寻找依靠，让自己歇歇，而此时，往往会选择依靠女人。

女人总喜欢在累的时候或者是不开心的时候，依靠心爱的男人，从对方身上得到安慰。而在女人依靠男人的同时，男人也在依靠女人，因为男人也有脆弱的时候，他们承受的要比女人要承受的多，即使是一个比男人强势的女人也不会有多于男人的承受，因为男人是上帝塑造的一个需要承受的载体，你逃不掉！